新型农民农业技术培训教材

无公害肉鸭
高效养殖与疾病防治新技术

● 黄　超　主编

中国农业科学技术出版社

图书在版编目（CIP）数据

无公害肉鸭高效养殖与疾病防治新技术 / 黄超主编．—北京：中国农业科学技术出版社，2011.11

ISBN 978-7-5116-0634-1

Ⅰ.①无… Ⅱ.①黄… Ⅲ.①肉用鸭-饲养管理-无污染技术 ②肉用鸭-鸭病-防治 Ⅳ.①S834②S858.32

中国版本图书馆 CIP 数据核字（2011）第 162941 号

责任编辑 朱 绯
责任校对 贾晓红 郭苗苗

出 版 者 中国农业科学技术出版社
北京市中关村南大街 12 号 邮编：100081
电 话 (010)82106638(编辑室) (010)82109704(发行部)
(010)82109703(读者服务部)
传 真 (010)82109700
网 址 http://www.castp.cn
经 销 者 各地新华书店
印 刷 者 中煤涿州制图印刷厂
开 本 850mm×1 168mm 1/32
印 张 4.25
字 数 114 千字
版 次 2011 年 11 月第 1 版 2012 年 3 月第 3 次印刷
定 价 12.50 元

《无公害肉鸭高效养殖与疾病防治新技术》

编委会

主　编　黄　超

编　者　丁龙平　黄范平　黄龙泉　刘海明

熊民江　曾　春

前　言

养鸭业是我国畜牧业的重要产业之一，我国的现代集约化肉鸭养殖始于20世纪70年代中期。经过30年的发展，我国的肉鸭养殖取得了长足的发展，但随之产生的肉难吃等问题也突显出来。

本书结合我国肉鸭生产实际，重点介绍了肉鸭养殖的实用技术、高产经验及优质高效措施。主要包括肉鸭养殖概述、肉鸭的品种选择、鸭场规划与鸭舍建设、肉鸭的繁育、肉鸭的饲养管理技术、肉鸭的营养需要与饲料配制和肉鸭的疾病防治技术七部分内容。内容丰富，图文并茂，深入浅出，通俗易懂，是当前广大农户养好肉鸭的致富帮手，也可供农村技术人员、基层干部及大、中专学生参考使用。

限于水平，错误之处在所难免，望指正！

编者

2011年4月

目　录

第一章 肉鸭养殖概述

第一节 肉鸭生产的现状、存在的问题及应对的措施

一、国外养鸭业生产现状与发展趋势

鸭为全世界饲养数量最多的水禽。据联合国粮农组织的统计，20世纪中期以来，世界鸭的总存栏数一直处于上升的趋势。1992年世界鸭的总存栏数为5.8亿只，1993年为6.62亿只，1993年比1992年鸭的总存栏数增长了12.4%，同期鸡的总存栏数增加了4.96%。这说明鸭的数量增长比鸡快。但在世界养禽业中，鸭的数量远远不如鸡多。1992年全世界鸭的存栏数为鸡的5.1%，1993年鸭的存栏数也仅为鸡的57%。水禽业中的鸭、鹅虽处于次要地位，但有其自身的特点。从全世界来看，水禽的分布带有明显的地域性。以鸭为例，全世界鸭的数量虽仅为鸡的百分之几，但一些地区或国家鸭的数量和分布却相当集中，表现出很大的不平衡性。联合国粮农组织（FAO）的统计表明，亚洲是水禽分布最集中的地区。1993年亚洲鸭的存栏数仅占鸡的存栏数的10.19%，但亚洲鸭的存栏数却占全世界鸭存栏数的84.29%，而非洲仅占2.42%，北美洲和中美洲仅占2.11%，欧洲仅占5.89%。统计表明，1993年中国鸭的存栏数为4.3亿只，占亚洲总存栏数的77.06%，占全世界鸭的总存栏数的64.95%。由此可见，中国是亚洲养鸭最多的国家，也是全世界养鸭最多的国家。中国号称“水禽王国”是当之无愧的。水禽分布的不平衡性还表现在发达国家和发展中国家之间相差很悬殊。据联合国

粮农组织 1992 年的统计表明，全世界发达国家鸭的存栏数为 4 600万只，而发展中国家则为 5.34 亿只。发展中国家鸭的存栏数为发达国家的 11 倍多。可见全世界的水禽，特别是鸭集中分布于亚洲的发展中国家。

进入 20 世纪 80 年代，世界养鸭业的发展趋势是，一些过去养鸭数量少的国家，出现养鸭数量增幅较大的现象。一些欧美国家日益重视将现代遗传育种理论与技术和先进的饲养管理技术应用于水禽业中，使生产水平得到不断提高。因此，一些发达国家养鸭数量不多，产量和产值却在上升。英国在 1993 年的鸭存栏数仅 200 万只，但在 20 世纪 60 年代就选育出了樱桃谷肉鸭配套系，使肉鸭的早期增重和饲料利用率显著提高。20 世纪 80 年代樱桃谷农场又选育出新配套系。这是一种瘦肉型肉鸭，称为超级樱桃谷肉鸭（Cvsupe-M）。现今樱桃谷鸭的种鸭已销售到世界 100 多个国家和地区。澳大利亚养鸭数仅占养鸡数的 0.4%，但该国的狄高公司选育出的狄高肉鸭却畅销东南亚。丹麦是个养鸭很少的国家，但选育出了海格肉鸭，该鸭种有 3 个不同生产性能特点的品系，既可水养又可旱养，能较好地适应南方夏季炎热的气候条件；丹麦还选出另一个优良肉鸭——力加鸭。这两种肉鸭都于 1988 年引入我国广东省几个种鸭场饲养。美国过去也是养鸭数量很少的国家，但近 10 年来养鸭数量大幅度增加，1993 年鸭的存栏数已达到 600 万只，而且选育了长岛北京鸭，建立了长岛养鸭协会和长岛养鸭研究室，对北京鸭的营养需要和疾病防治进行研究和技术推广，促进了养鸭业的发展。法国的养鸭业独具特点，据 1993 年统计，鸭的存栏数为 1 900万只，其中瘤头鸭占鸭总饲养量的 80% 左右。法国克里木鸭场选育的瘤头鸭，因肉质佳、瘦肉率高而著称于世。

二、我国国内养鸭业的生产现状与需要解决的问题

（一）我国养鸭业的生产现状

1. 我国养鸭业的发展势头迅猛

（1）根据FAO统计，2002年世界鸭存栏量9.48亿只，亚洲存栏量达8.44亿只，占世界鸭总存栏量的89.0%，中国存栏量达6.61亿只，占世界鸭总存栏量的69.7%，占亚洲存栏量的78.3%，可见我国是世界最大的鸭生产国。我国鸭饲养区主要分布在长江中下游、华东、东南沿海和华北等地区。

（2）据FAO统计，2002年世界鸭肉总产量达305.0万吨，中国鸭肉产量达211.6万吨，占世界总产量的69.4%，人均鸭肉占有量达到1.63千克。2002年，我国鸭蛋产量354.2万吨，人均占有量达到2.72千克。我国羽绒出口贸易量占世界总量的50%。综上所述，我国鸭肉、鸭蛋和羽绒产量均位居世界第一。

2. 我国鸭业在世界鸭业中的地位越来越高

（1）我国鸭存栏量占世界鸭存栏总量的比例越来越高。从目前饲养量看，我国家禽生产的竞争力正逐渐上升。已从1970年的占世界存栏总量比例的1/2，一跃超过世界鸭存栏总量的2/3。可以说，我国养鸭业的发展已左右了世界养鸭业的发展步伐。

（2）我国鸭肉占世界鸭肉生产总量的比例也越来越高。我国的鸭屠宰量和鸭肉产量已占据了世界的主要市场。

（二）我国肉鸭业发展中需要解决的问题

我国肉鸭业虽有较大的发展，但有些问题还有待于进一步解决。

1. 肉鸭良种选育需要进一步加强

肉鸭商品代良种覆盖率应在80%以上。我国快大型肉鸭品种，早期生长速度和饲料转化率基本上得到解决。但随着生长速度的增长，相应地带来肉用仔鸭腹脂、皮脂沉积过多而不受市场欢迎的新问题。解决的途径是：一般可以通过饲料转化率的选择

来降低肉鸭脂肪；同时通过测定肉鸭血浆 HDL（高密度脂蛋白）含量指标或用超声波扫描仪活体测定肉鸭胸肌厚度来进行选择，均能提高瘦肉率，降低脂肪。

2. 建立北京鸭良种繁育体系

北京鸭是享誉中外的快大型肉鸭品种。它不但繁殖性能好，抗病力强，生长速度较快，而且其肌肉品质、适口性均较好。但我国北京鸭的推广数量，与国外樱桃谷肉鸭、狄高鸭相比，不算很大。这表明北京鸭的生长速度还需要进一步提高。应在全国各地建立起北京鸭的良种繁育体系，提高北京鸭的良种覆盖率。

3. 建立其他地方品种良种繁育体系

各地可根据实际需要，建立各具特色的肉鸭良种繁育体系，如天府肉鸭、广东白鸭、高邮鸭、建昌鸭、大余鸭、巢湖鸭等知名的地方品种，以确保其父母代、商品代的质量。

4. 肉鸭生产应向规模化方向发展

肉鸭生产应从小农经济向规模化方向发展，走产、供、销一条龙配套生产的道路，以便提高经济效益和社会效益。我国肉鸭生产近几年增长速度快，个别地方已呈现规模化生产趋势，但大部分地区仍是小规模饲养。肉鸭生产大起大落现象时有发生，造成不必要的经济损失。只有走产业化道路才能克服市场的无序性和盲目性，做到供需总量平衡。

5. 调整肉鸭产业结构，加快肉鸭综合利用能力

我国肉鸭业虽发展迅速，但肉鸭加工业却相对滞后，加工业仍以烤鸭为主。至于分割鸭肉如胸肉块、腿肉块的专买店市场较少，营养价值较高的肥肝产品还没有很好地开发利用。屠宰加工后的副产品及羽毛副产品需要进一步拓宽销售渠道。

6. 大力加强规模化饲养技术的研究与推广

肉鸭规模化饲养发展很快，随之而来的规模化饲养技术的研究应用需要进一步加强。在建立各品种良种繁育体系的同时，对肉鸭各营养参数，如能量、蛋白质、氨基酸、维生素、微量元素

等的需求，应当制定各自的饲养标准。严格制定肉鸭的防疫体系，加强研究各种疾病的防治。对肉鸭的繁殖技术、环境控制技术及饲养管理须加强研究，真正使肉鸭业做到优质、高产、高效。

三、我国肉鸭生产的对策与措施

1. 建立肉鸭良种繁育体系，分区保护品种资源

加强肉鸭良种繁育体系，加强肉鸭新配套品系的研究，保存肉鸭品种资源，防止资源流失。

2. 建立大型商品生产基地，形成行业集团

在适宜水禽发展的地方，建立若干大型养鸭生产基地，实行专业化生产，系列化服务，一体化经营。形成各种行业集团，充分发挥技术优势，使科学技术能有效地融入生产，提高商品附加值，增强国际竞争能力。

3. 研究并制定出我国肉鸭的营养标准

现在的肉鸭饲料基本上是参考鸡的营养数据进行配制的，因肉鸭比鸡具有更发达的肌胃，蛋白质需要量较低。因此，应通过试验研究，尽快制定出适合我国肉鸭不同生长阶段的饲养标准。

4. 研究肉鸭集约化饲养工艺

在集约化饲养的房舍建筑、配套设施、品种选择、营养标准、饲养工艺、卫生防疫和环境控制等方面研究出配套的技术工艺。

5. 开展鸭产品深度加工，拓展国内外市场

经验证明，凡养鸭生产发达的地方，都是因产后加工与销售搞得好、搞得活而发展起来的。应抓好蛋品加工业、鸭肉制品加工业、羽绒加工业和肥肝产业等。

6. 加强应对国外技术壁垒的研究

出口肉鸭产品的生产加工企业应建立自控体系，完善我国疫病防疫体系，充分利用动植物卫生检疫措施（SPS）协议。

第二节　鸭的形态特征与生活习性

一、鸭的外貌特征

体型外貌是鸭生理结构的反映，是识别鸭品种的主要依据。形态结构与生产性能是相关联的。鸭的身体与其他鸟类一样，外形呈流线型，全身覆盖羽毛，分头、颈、体躯、四肢和尾5部分。

1. 头部

鸭头部较大，呈圆形，除喙之外，其余部分覆盖短羽。耳孔外被耳羽覆盖，防止头部入水取食时水浸入耳中。喙扁长、角质，可以啄开泥而夹住食物，是采食与防卫的器官。喙分上下两片，上大下小，合拢时相邻的边缘有锯齿状的空隙，可以借助舌的运动啜呷或潜水觅食时排水过滤食物。上喙尖端有一坚硬的喙豆，色略暗，用以帮助采食。喙的颜色因品种而异，有黑色、灰色、橙黄色等。喙基部两侧为鼻孔。眼圆而大，反应敏捷。鸭舌发达，边缘长满尖刺，有利于捕食。

2. 颈部

鸭颈部细长，被有细羽，活动自如，利于在水中采食。鸭颈的粗细、长短与性别、品种有关，一般公鸭、肉鸭的颈较粗短，且颈羽色彩鲜艳；母鸭、蛋鸭的颈较细长。

3. 体躯

鸭体躯分为胸、背、腰、肩、肋、腹等部分，随着品种、性别、年龄及生产类型不同，体躯各部分的结构也不同。通常公鸭体型较大，肌肉发达，胸深，背阔，肩宽，体躯呈长方形，前躯稍向上提起；母鸭体型较小，体躯较细长，羽毛紧密，胸挺突，前躯提起，后躯发达，臀部近似方形，尤其是产蛋阶段，其后躯加厚加宽，致使全身上下左右呈楔形。肉鸭体躯深宽而下垂，背长而直，前躯稍稍提起，肌肉发达。蛋鸭体型较小，体躯细长，后躯发达。

4. 四肢

鸭前肢变为翼，外覆羽毛，称为翼羽。鸭翼比鸡翅短小，紧贴于体躯，故鸭的飞翔能力通常没有鸡强，只能做一些低飞、短程的直线飞行。鸭翼羽包括主翼羽10根，副翼羽14根。主翼羽尖窄而坚硬，副翼羽大，主翼羽与副翼羽之间有一根最短的羽毛，称为轴羽。翅羽更换次序是，先换靠近轴羽的第一根主翼羽，后更换翼羽。全部翼羽在短期内更换完毕的鸭，叫做新翅型；一两根地更换的鸭，叫做掺翅型；不更换翼羽的鸭，叫做旧翅型。

鸭的后肢由腿、胫、趾和蹼构成。腿与胫较短，并偏向躯体后端，以便保持在陆地上的平衡以及在水中倒立时拨水采食。鸭的趾部、蹼部裸露，具有四趾，三前一后，前三趾间有蹼，有利于划水、采食与行走。

5. 尾

鸭尾部短小，尾羽不发达，公鸭在尾羽中央的覆尾羽有2～4根向上卷曲，特称雄性羽。据此可鉴别鸭的公母。

二、消化生理特点

鸭的消化系统包括喙、口腔、舌、咽、食管、腺胃、肌胃、小肠、大肠、泄殖腔等器官组成的消化道及肝脏、胆囊、胰脏等消化腺，没有唇、齿、软腭和结肠，主要功能为采食、消化食物、吸收营养以及排泄食物残渣等。

1. 口腔

鸭的口腔前端是扁平角质的喙，其背侧隆起而腹侧面深深凹入，末端为圆形（有的还有下钩的喙豆，如番鸭），便于啄食饲料。上下喙边缘的角质板形成许多锯齿状的横褶，在舌的参与下形成口腔的过滤结构，便于鸭在水中采食饲料后将泥水从喙的两侧滤出，而将饲料留在口腔中。口腔的顶壁为硬腭，向后与咽的顶壁直接相连为咽腔。鸭口腔内无齿且唾液腺不发达，因而鸭在采食时常常要饮水，以湿润饲料，便于吞咽。鸭口腔底有舌，厚长而软，占据口腔底大部分，内有发达的舌内骨，采食时参与吞咽作用，将食物向后推移。饲料在唾液与水的湿润下进入食管，因鸭舌上没有味觉乳头，所以鸭的味觉不发达，基本不能辨别饲料是否发霉变质或是否有毒，而大口吞食。但鸭舌神经对水温反应极为敏感，不喜饮高于气温的水，但不拒绝饮冰冷的水。另外，鸭的口腔内无唇，无软腭，无齿，食物不经过咀嚼而整个吞入，同时口腔内不能形成负压，鸭在饮水与吞咽食物时要抬头伸颈，借助食物的重力将食物块或水自行流入食管，喉头的肌肉迅速将喉口闭合，这样食物不会误入气管而引起噎食。

2. 咽

鸭咽腔由背侧壁、腹侧壁和外侧壁共同围成，位于舌根后界与食管之间，下颌间隙后部。鸭咽部有很多小的唾液腺可分泌少量含淀粉酶的唾液。

3. 食管

鸭食管较长，平均为30厘米左右，约占体长的1/2，位于颈部皮下偏右侧，从咽开始沿颈部进入胸腔，到达腹腔左侧，与胃相连。食管下分布有食管腺，可分泌黏液，参与食物的软化。鸭无嗉囊，其食管中部形成一纺锤形的膨大部，其主要功能是储存食物，同时使饲料在进入腺胃之前先进行湿润软化，食物在此停留3~4小时，然后有节律地被推进至胃中。膨大部的下方有环形括约肌，通过其收缩与舒张来控制食物流入胃中的速度。

4. 胃

鸭胃可分为腺胃和肌胃两部分。

腺胃，又称前胃。鸭胃体积较小，储存食物有限，是一个前端偏细、后端逐渐膨大的袋状器官，位于腹腔前腹部的左上部。腺胃壁较厚，由外向内依次可分为浆膜层、肌层与黏膜层。肌层的外纵肌较薄，内环肌较厚；黏膜层内含有大量的胃腺，可分泌大量的胃液，参与食物的软化与湿润。食物先在腺胃中被胃液中的蛋白酶和盐酸消化分解，然后与消化液混合经贲门进入肌胃。

肌胃，又称后胃或砂囊、鸭肫。位于腺胃后部，其两面扁平，中央隆起。肌胃周缘较钝，形成环面，可明显地区分为左前缘与右后缘。肌胃壁厚，大多由平滑肌构成，收缩力强，因肌红蛋白特别丰富而呈暗红色。黏膜内有肌胃腺，其分泌物与脱落的上皮细胞在酸性环境下硬化，形成一层厚的类角质膜——胶皮（又称鸭内金），其主要功能是对食物进行机械性消化。肌胃收缩时，在强大压力下，粗糙的角质膜在肌胃内沙砾的配合下，将胃内食物搓揉磨碎，与分泌自胃腺的消化液充分地混合消化。实验证明，沙砾在肌胃中作用明显，如果将肌胃中的沙砾全部移去，则饲料在肌胃中的消化率将下降25%～30%，因此在日常饲喂过程中要注意添加适量的沙砾，以帮助其消化。磨碎的食物随着肌胃的收缩经幽门被推入小肠，继续被消化。

5. 肠

鸭的肠管较长，为250～270厘米，是体长的5～6倍，可分为小肠和大肠。

鸭小肠包括十二指肠、空肠和回肠，整个小肠占肠道总长度的90%左右。小肠第一段为十二指肠，呈倒“U”字形，其前端升部与肌胃的幽门相通，后端降部与空肠、回肠相通，胆管与胰管一起开口于十二指肠和空肠的交界处。空肠是肠管中最长的一段，长150～160厘米，悬吊于空肠系膜上，盘曲于十二指肠、盲肠、直肠、肝、肌胃、性腺和腹腔顶壁侧面之间，一部分肠襻与右侧膜壁相贴。空肠与回肠之间无明显界限，一般以卵黄憩室为分界线，向上靠近十二指肠的为空肠，向下与大肠相通的为回肠。食物中的营养成分的消化与吸收主要在小肠中进行。小肠壁内的肠腺能分泌含多种消化酶的消化液，如淀粉酶、肠蛋白酶、凝乳酶等，而且小肠黏膜形成无数的皱襞和绒毛突起，使得绒毛长度可达肠壁厚度的5倍多，这种特殊的结构使得小肠内膜的面积大大增加，对消化液的分泌、食物的彻底分解与消化吸收具有重要意义。

鸭大肠可分为盲肠和直肠。盲肠两条，左右各一，与空肠肠襻相接，左、右盲肠借助于两条短的回盲韧带与回肠相连。盲肠肠管外径变化较大，起始都较细，近盲端较粗，内有发达的淋巴组织，形成所谓的盲肠扁桃体，能将小肠内未被消化酶分解的食物及纤维素进一步消化，并能吸收水和部分电解质。直肠位于脊柱的正下方，并转向左侧，贴左侧腹壁的后部，其腹侧与部分空肠相邻；在右肾与左侧输卵管之间向后延伸，接近腹壁后部时，从右背侧斜行伸延达体正中线左侧，通入泄殖腔粪道。食物残渣在直肠中被吸收水分并形成粪便后送入泄殖腔，排出体外。

6. 泄殖腔

鸭泄殖腔是消化道末端膨大、特化而成的球状空腔，前端连直肠，后端通过泄殖孔与外界相通，输尿管、输精（卵）管、法氏囊均开口于此，公鸭的阴茎也藏于其中。因此，泄殖腔是消化、生殖、泌尿3个系统的共同通道，外口为肛门，其中含有较多的淋巴结。

7. 消化腺

鸭的主要消化腺包括胰脏、肝脏和胆囊。

胰脏位于十二指肠系膜的侧面，夹在十二指肠升、降襻之间，在十二指肠襻的右腹侧。胰脏色泽淡黄色或粉红色，近似三棱形，外观完整，质地柔软，可分泌胰液，内含多种消化酶。胰液通过胰导管进入十二指肠的末端。

肝脏是鸭体内最大的消化腺，位于腹腔前部中央的腹侧，其背侧与睾丸（公）或卵巢（母）、腺胃、肌胃、肺等器官相邻，腹侧紧贴胸骨和下腹壁。肝脏是暗红色，分左右两叶，分别与胆管与十二指肠末端相通，右叶的胆管膨大形成胆囊。肝脏的功能之一是分泌胆汁，储存于胆囊中，然后通过胆管排入小肠。胆汁是一种稍黏、味苦、色呈黄绿的液体，其中不含有消化酶，但它能增强胰脂肪酶的活性，使脂肪乳化，帮助消化脂肪，有利于鸭对脂肪及脂溶性维生素的吸收。另外，肝脏还参与蛋白质、糖原的合成与分解代谢，能储存一部分糖、蛋白质、多种维生素和少量铁元素，并有一定的解毒功能。鸭肝脏中可聚集大量脂肪，因而可以通过人工填肥方式使鸭肝增加到原来的5~6倍，生产出高质量的鸭肥肝。

三、鸭的生活习性

1. 喜水性

鸭喜欢在水中觅食、嬉戏和求偶交配，但在干燥场所栖息和产蛋，以保证鸭的健康和种蛋的清洁。因此，宽阔的水域、良好的水源是饲养水禽的重要环境条件之一。对于采取舍饲方式饲养的种鸭，也要设置一些饮水槽和戏水池（图1－1）。

图1－1　舍饲的种鸭

2. 合群性

鸭的性情温驯，胆小，喜合群，较少单独行动，少争斗。经过训练的鸭群可以召之即来，呼之即去。鸭群在放牧中可以行走5千米左右而不紊乱。若有鸭离群独处，则会高声鸣叫，一旦得到同伴的应和，则孤鸭寻声而归群。因此，鸭适应大群放牧饲养或圈养，也比较容易管理，便于集约化饲养（图1－2）。

图 1－2　放牧中的鸭群

3. 耐寒怕暑

鸭的皮下脂肪较厚，具有浓密的羽毛与发达的尾脂腺，能有效地防水御寒，保温性能好。因此，鸭具有极强的抗寒能力，即

图 1－3　遮阳棚

使在寒冬腊月，鸭仍然能在水中洗浴、啜呷，且保持较高的产蛋率。但鸭的散热性能差，耐热性能也差，尤其是体大脂肪厚的个体，耐热性能更弱，在夏季鸭食欲下降，采食量减少，产蛋量也下降。因而，鸭舍不能建得太矮，并且要有足够的通风窗户。在炎热的夏季，一定要做好遮阳防暑的工作，种树遮阳，搭建遮阳

棚（图1－3），提供凉爽的水域环境，以保证鸭能正常地生长发育及繁殖。

4. 耐粗性，抗逆性强

鸭可利用的饲料品种比鸡广，能采食各种精、粗饲料和青绿饲料。鸭耐粗饲且觅食力强，喜食多种水生动、植物及浮游生物。由于鸭的嗅觉、味觉不发达，对饲料要求不高，凡是无酸败和异味的饲料都会大口吞咽，所以不论精、粗饲料或青饲料等都可以作为鸭的饲料。另外，鸭既吃素又吃荤，对饲料适应范围比鸡、鹅广，因而饲养成本较低（图1－4）。鸭食管容积大，能容纳较多的食物，肌胃强而有力，可借助沙砾较快地磨碎食物，消化能力特别强。适宜放牧饲养，能觅食鱼、虾、螺类和蚯蚓、昆虫等天然饵料，但最喜食鱼、虾、螺类等动物性饲料。鸭对不同气候环境的适应能力较其他禽类强，从寒带到热带，从沿海到陆地都有鸭群分布，适应范围广，生活力强，对疾病的抵抗力也比其他禽类强，鸭病也比鸡病少（图1－5）。

图1－4 采食饲料

5. 敏感性

鸭有较好的反应能力，比较容易受训练和调教。但它们胆小，易受外界影响而受惊，在受到突然惊吓或不良应激时，容易

导致产蛋减少乃至停产。尤其鸭对人、畜及偶然出现的色彩、声音、强光等的刺激均有害怕的感觉。这种惊恐行为在1月龄左右

图1-5　鸭的生活环境

图1-6　动物进入鸭舍导致鸭群受到惊吓

即开始出现（图1-6）。鸭群附近如突然噪声超过80~100分贝，产蛋鸭受惊后，产蛋量下降20%左右，软壳蛋明显增加。所以，应保持养鸭环境的安静稳定，要防止猫、狗、老鼠等动物进入鸭舍，以免鸭群因突然受惊而影响产蛋。

6. 具有夜间产蛋性

禽类大多是白天产蛋，而母鸭是夜间产蛋。鸭产蛋喜暗光（图1－7），多集中在后半夜至凌晨，这一特性为鸭的白天放牧提供了方便。夜间鸭不会在产蛋窝内休息，仅在产蛋前30分钟左右才进入产蛋窝，产后稍歇即离去，恋窝性很弱。刚开产的母鸭产蛋时间一般集中在凌晨1：00～5：00。

7. 生活规律性

鸭具有良好的条件反射能力，反应灵敏。比较容易接受训练和调教，可以按照人们的需要和自然条件进行训练，以形成鸭群各自的生活规律。一天之中的放牧觅食、戏水、交配和产蛋等行为都有一定时间，且这种规律一经形成就不易改变。因此，一经制定的操作管理日程不要轻易改变。农家养的鸭其规律为上午以觅食为主，间以戏水和休息；中午一般以戏水、休息为主，稍觅食；下午以休息为主，间以戏水和觅食；夜间则以休息为主，觅食和饮水甚少。交配活动多在早晨和黄昏戏水时进行，产蛋多在后半夜至清晨。

图1－7　夜间产蛋

第三节 鸭的养殖方式

现代养鸭的方式有完全舍饲，也有舍饲和户外运动相结合的饲养方式，另外我国南方一些地区采用放牧饲养，这种方式一般适用于温暖的季节，有较强的季节性。无论是完全舍饲还是舍饲和户外运动相结合的饲养方式，雏鸭阶段必须在能够保温的舍内进行。

一、舍饲

肉鸭舍饲可以不受外界环境的影响，保证全年均衡生产。根据鸭子是否接触地面，分为网上平养、地面平养、网上和地面饲养相结合以及笼养等几种饲养方式。

1. 网上饲养

在鸭舍内离地 40～50 厘米架设支撑横架，上铺金属网或竹竿栅板，金属网的孔径 2～3 厘米见方，雏鸭阶段要在金属网上面铺设孔径 17 毫米 ×35 毫米的塑料网。采用乳头饮水器或水槽饮水，由于鸭有戏水的爱好，水槽或乳头饮水器要靠墙安置，并在下面设置水沟，漏掉的水顺水沟排出，避免水粪混合，造成粪便太稀，导致舍内氨气浓度增加。雏鸭前 3 天采用浅料盘喂料，以后改用料桶或料槽，料桶要均匀放置在网上，料桶下面放一块直径比料桶大的塑料布，防止饲料浪费。使用料槽喂料，料槽的安放位置不要靠近水槽或饮水器，避免弄湿饲料。采用全期 1 次清粪。肉鸭出栏后，将金属网和支撑架拆除，清除粪便后，冲洗鸭舍并消毒。

网上饲养的优点是饲养密度比直接地面饲养大，鸭子不接触粪便有利于疾病的防治，而且鸭子干净。缺点是夏季生长速度比地面饲养慢，饲料浪费稍大一些。

2. 地面垫料饲养

在地面上铺设垫料，炎热季节可以铺设细沙（1 周龄雏鸭铺垫草)，其他季节在地面铺设垫草。垫料的厚度一般为 8～10 厘米，并经常翻动和定期更换部分或全部垫料，保持垫料干燥、清洁。夏季使用垫沙有利于肉鸭的防暑降温，垫沙也要及时更换，湿垫沙晒干后可重复使用，但重复使用的次数不能太多。直接地面饲养的喂料和饮水基本和网上饲养相同，饲养密度小于网上饲养，7 周龄饲养密度每平方米 3～4 只。

直接地面垫料饲养的优点是设备简单、投资少；对夏季肉鸭防暑降温有利，生长速度明显快于网上饲养，据实验测定夏季地面垫沙饲养 7 周龄平均体重为 3.5 千克，而网上饲养仅为 2.8 千克。缺点是肉鸭直接接触粪便，不利于防病，肉鸭外观较差；要经常翻动、更换垫料，劳动强度大；饲养密度稍小一些。

3. 网上和地面饲养结合

前 2 周雏鸭阶段采用网上饲养，然后改为地面垫料饲养。这样做的好处是仅育雏舍铺设金属网，投资相对全期网上饲养少得多；雏鸭的抗病力较差，网上饲养不接触粪便，有利于雏鸭的防病，育肥鸭的抗病力相对较强，采用地面饲养只要注意消毒一般不会发生疾病；后期地面饲养可以发挥肉鸭生长快的优势，夏季使用垫沙有利于防暑降温。

4. 笼养

使用特制的肉鸭饲养笼具，笼具的前网采用可以调节间隙大小的双层网片，根据鸭子的大小进行调节，肉鸭从育雏到出栏一直饲养在笼内。鸭舍及鸭笼设置为采用中间两排或南北各一排，两边或当中留通道。笼子可用金属或竹木制成。每个鸭笼长 2 米、宽 1.2 米，采用竹条或铁丝网，底板网眼 1.5 平方厘米。四周设 0.50 米高的栅栏，栅栏用宽 2.5 厘米、厚 2 厘米的木条钉成，木条间距 3～4 厘米，以方便鸭子吃料饮水为宜。料槽和水槽应设置在栅栏前方，或安装自动饮水器。网笼可依房内空间而定，叠放 2～4 层，2 层叠放式，上层底板离地面 1.2 米，下层底板离地面 0.6 米。单层式的底板离地面 1 米。在上、下两层网笼之间安装承粪板，承粪板要离上层笼底20厘米，以便于清粪（承粪板可简易制作：钉几根木条作骨架，再在骨架上放一张厚点的塑料布，鸭粪可通过笼底网眼落在塑料布上）。

肉鸭笼养优点是充分利用鸭舍空间，增加饲养密度，提高单位面积的产量。笼养可减少禽舍和设备的投资，减少清理工作，还可以采用机械化设备，减轻劳动强度。小群饲养，环境特殊，通风充分，饲料营养完善，采食均匀。出栏时间缩短到60天左右，节省10%左右的饲料成本。减少鸭的运动，有利于肉鸭的快速生长。笼养鸭不用垫料，既免去垫草开支，又使舍内灰尘少、粪便纯。笼养完全在人工控制下，受外界应激小，可有效预防一些传染病和寄生虫病。一般采用人工加温，因此舍上部空间温度高，较平养节省燃料；且饲养密度加大，雏鸭散发的体温蓄积也多，利于保温。肉鸭笼养缺点是管理不方便，肉鸭生长速度快，入笼后不久就需要进行疏散，几乎每周都要转笼，饲养管理技术要求高。

二、舍饲带户外运动式

采用这种饲养方式，育雏期由于雏鸭需要保温，所以雏鸭仍然采用舍内饲养。根据天气变化，1周或2周后肉鸭的抗寒能力增强，才允许到户外运动场。气温高于30℃的炎热季节，1日龄雏鸭也可以到户外运动场，而寒冷季节肉鸭可能要等到3周龄以后或更大周龄才被允许做户外运动。

通常情况下，饮水器（或水槽）置于户外，或者设置在鸭舍内一侧水沟的板条地面或网上。地面部分一般全部是孔状的，这样鸭子喝剩的水和排泄物可以通过水孔流到排水沟，免用垫草，但是排水沟要经常冲洗。鸭舍的设计一定程度上取决于气候条件，一般鸭舍的阳面是能够敞开的。在气候温暖的我国南方地区，鸭舍的结构比较简单，而北方地区则要求鸭舍的保温性能较好。运动场内必须有遮阴设施，可以是搭起的凉棚，也可以种植一些遮阴效果较好的乔木。接触水面有助于使鸭保持凉快，但运动场内设戏水池并不是养鸭所必需的，鸭的散热主要依靠呼吸和脚进行热交换。

三、放牧饲养

南方水稻主产省区，习惯采用当地麻鸭品种，以稻田放牧补饲的饲养方式生产肉鸭。采用这种饲养方式具有投资少、成本低、收益快等优点，是我国独具特色的农牧结合的养鸭方式。这种饲养方式不太适合樱桃谷鸭、北京鸭等大型肉鸭品种。

第二章　肉鸭品种的选择

第一节　品种的分类与分布

一、品种的分类方法

按国际上公认的标准分类法，各种家禽可分为类、型、品种和品变种。品种分类的方法有多种，所依据的原则有：按品种的来源、品种的形态特征、品种的原产地及品种用途。按品种的来源分类，首先应该知道禽种起源，即在动物学分类系统中的位置，再按形成品种的亲本来源分为本地品种、引进品种和选育品种；按品种的选育程度可分为地方品种、育成品种、标准品种；按品种的用途可分为蛋用型、肉用型、兼用型和玩赏型品种。现代家禽水禽全部属于雁形目鸭科，其中以雁亚科和鸭亚科的禽种被驯化成家禽的数量最多。

二、我国鸭的分类

我国鸭的品种按经济用途分为3种类型，即肉用型、蛋用型和兼用型。品种类型的形成和发展由社会条件所决定，也受自然条件的影响。肉用型品种有北京鸭和瘤头鸭。在北京鸭品种形成的过程中，北京烤鸭业的兴起和鸭油点心的制作以及国内外对肉鸭需要量的不断增加，使该品种得以广泛普及和日益提高。瘤头鸭生活力强，胸腿肌率高，与其他家鸭杂交生产的半番鸭，生长快，肉质细嫩，饲料利用率高。我国肉蛋兼用型鸭品种多为麻鸭。蛋用型和肉蛋兼用型两个品种类型，按体重及产品用途划分，蛋用型品种成年鸭体重在1.75千克以下，肉蛋兼用型成年鸭体重多在2千克以上。

第二节　主要肉鸭品种介绍

一、北京鸭

北京鸭原产于我国北京近郊，故名北京鸭。该品种饲养历史已有300多年，在国内外一直受到重视，目前国外育成的不少良种鸭育成过程都用到了北京鸭的血统。北京鸭肉质鲜美，肌肉纤维细致，富含脂肪并且在皮下及肌肉间分布均匀。北京鸭分为烤炙型和分割型两个系列，烤炙型系列适合制作烤鸭，分割型系列适合制作供应市场的分割鸭肉及其制品。北京鸭能适应寒带、温带、热带气候，各地都适合引种。

1. 体型外貌

北京鸭体型硕大丰满，挺拔强健。头较大，颈粗、中等长度；体躯呈长方形，前胸突出，背宽平，胸骨长而直；两翅较小，紧附于体躯两侧；尾羽短而上翘，公鸭尾部有2～4根向背部卷曲的性指羽。母鸭腹部丰满，腿粗短，蹼宽厚。北京鸭全身羽毛白色并稍带有乳黄色光泽，喙、胫、蹼橙黄色或橘红色；眼的虹彩蓝灰色。初生雏鸭绒毛金黄色，称为“鸭黄”，随日龄增加颜色逐渐变浅，至4周龄前后变为白色羽毛。

2. 生产性能

（1）繁殖力　北京鸭不仅产肉性能优良，而且产蛋量高。性成熟期150～180日龄，产蛋量为200～240枚，蛋重90～95克。蛋壳白色。公母配种比例1：（4～6），受精率在90%以上。受精蛋孵化率为80%左右。

（2）产肉性能　初生雏鸭体重58～62克，3周龄体重1.75～2.0千克，9周龄体重2.50～2.75千克。肉料比为1：（2.8～3.0）。成年鸭体重3.5千克，母鸭3.4千克。北京鸭填鸭的半净膛屠宰率公鸭为80.6%，母鸭为81.0%；全净膛屠宰率公鸭为73.8%，母鸭为74.1%；胸腿肌占胴体的比例，公鸭为

18%，母鸭为 18.5%。北京鸭有较好的肥肝性能，填肥 2～3 周，肥肝重可达 300～400 克。

二、天府肉鸭

天府肉鸭是由四川省原种水禽场与四川农业大学家禽育种实验场选育的肉鸭配套系，分为白羽系和麻羽系。现在四川、重庆、云南、广西、浙江、湖北、江西、贵州、海南等 10 多个省、自治区、直辖市大量养殖，均表现出良好的适应性和生产性能。

1. 体型外貌

体型硕大丰满，挺拔美观。头较大，颈粗中等，体躯呈长方形，前躯昂起与地面呈 30°角，背宽平，胸部丰满，尾短而上翘。天府肉鸭白羽父母代羽毛丰满而洁白（图 2－1），麻羽父母代母鸭身披褐色麻雀羽，喙、胫、蹼呈橘黄色（图 2－2）。

图 2－1　天府肉鸭白羽系父母代

2. 生产性能

天府肉鸭雏鸭初生重 55 克，商品鸭 4 周龄体重 1.6～1.8 千克，料肉比（1.8～2.0）：1；5 周龄重 2.2～2.4 千克，料肉比（2.2～2.5）：1；7 周龄体重 3.0～3.2 千克，料肉比（2.7～2.9）：1。种鸭一般 182 天开产，76 周龄入舍母鸭年产蛋 230～240 枚。

图2－2　天府肉鸭麻羽系父母代

三、奥白星鸭

奥白星鸭具有体型大、生长快、早熟、易肥和屠宰率高等优点。该鸭性喜干燥，能在陆地上进行自然交配，适应旱地圈养和网上饲养。

1. 体型外貌

雏鸭绒毛金黄色，随日龄增大逐渐变浅，换羽后全身羽毛为白色。成年鸭的体型外貌与北京鸭非常相似，头大，颈粗，胸宽，体躯稍长，胫粗短。

2. 生产性能

（1）繁殖力　种鸭性成熟期160～180日龄，220日龄进入产蛋高峰。年平均产蛋量220枚左右。育成期存栏率96.33%，产蛋期存栏率93.32%，受精率92.08%，合格种蛋孵化率80.42%。

（2）产肉性能　种鸭标准体重为公鸭2.95千克，母鸭2.85千克。商品代肉鸭6周龄体重3.3千克，7周龄体重3.7千克，8周龄体重4.04千克。肉料比为6周龄1∶2.3，7周龄为1∶2.5，8周龄为1∶2.75。

四、瘤头鸭

瘤头鸭又称疣鼻栖鸭、麝香鸭，在欧洲称为火鸡鸭，在法国称为蛮鸭或巴巴里鸭，我国俗称番鸭、洋鸭或火鸭。瘤头鸭与其他家鸭杂交在我国称为半番鸭或骡鸭。半番鸭生长快，耐粗饲，饲料利用率高，肉质细嫩，瘦肉率高，因此，瘤头鸭在现代肉鸭业生产中占有重要地位。在法国，瘤头鸭饲养数量占总鸭数的80%。此外，美国、俄罗斯、德国、丹麦和加拿大等国均有繁殖饲养场。

1. 体型外貌

瘤头鸭与家鸭的体型外貌有明显区别。体型前后窄，中间宽，如纺锤体状，站立时体躯与地面平行。喙基部和头部两侧有红色或黑色皮瘤，不生长羽毛，雄鸭的皮瘤比雌鸭发达，所以称瘤头鸭。喙较短而窄，胸宽而平，腿短而粗壮，胸部肌肉很发达，翅膀长达尾部，能作短距离飞翔，后腹不发达，尾狭长。头顶有一排纵向羽毛，受刺激时竖起如冠状。我国瘤头鸭的羽色主要有黑白两种。黑色羽毛的瘤头鸭，羽毛带有墨绿色光泽，喙红色有黑斑，皮瘤黑红色，胫、蹼黑色，虹彩浅黄色。白色羽毛的瘤头鸭，则喙为粉红色，皮瘤鲜红色，胫、蹼黄色，虹彩浅灰色。花羽瘤头鸭喙红色带有黑斑，皮瘤红色，胫、蹼黑色。瘤头鸭叫声低哑，母鸭在孵化期内常发出咝咝叫声。公鸭在繁殖季节散发出麝香气味。

2. 生产性能

成年鸭公母体重差别很大，母鸭仅为公鸭体重的60%左右。按国外报道的标准，公鸭应为4.5～5.0千克，母鸭为2.5～3.0千克。我国现有瘤头鸭的主要生产性能，成年体重，公鸭为3.5～4.0千克，母鸭为2.0～2.5千克。仔鸭90日龄重，公鸭为2.7～3.0千克，母鸭为1.8～2.0千克。父母代开产日龄为6～9月龄，年产蛋量80～120枚，蛋重70～80克。公母配比为1：7，受精率85%～95%，孵化期35～36天。母鸭有就巢性，每只母鸭1次可孵种蛋20枚。瘤头鸭与普通家鸭杂交所产生的杂种鸭称为半番鸭，它不能生育，其特点是生长快，肉质好，公母间的体重差距小，在福建、浙江已普遍推广。因为是不同属间的远亲杂交，受精率低（60%左右），这是推广的最大难点。

五、狄高鸭

1. 产地与特点

狄高鸭是由澳大利亚狄高公司以中国北京鸭为素材，采用品系配套方法选育而成的大型优良肉用型鸭种。从1987年开始我国广东省南海市种鸭场每年从澳大利亚引进父母代种鸭。该型鸭具有生长快、早熟易肥、体型硕大、屠宰率高等特点。尤其该品种喜干爽，抗寒耐热能力较强，能在陆地上交配，适于旱地圈养或网养。

2. 外貌特征

狄高鸭外形近似北京鸭，雏鸭绒羽黄色，脱换幼羽后，羽毛乳白色；喙、胫、蹼橘红色；体躯稍长，前昂，头大而扁长，颈粗，胸宽挺，胸肌丰满，背长阔，腿粗而短，尾梢翘起。

3. 生产性能

（1）产蛋性能　狄高鸭父母代种鸭26周龄开产，33周龄进入产蛋高峰，产蛋率达90%。年产蛋200～230枚，平均蛋重88克。

（2）生长性能　狄高鸭初生雏鸭重55克，30日龄体重1 114克，60日龄体重3 000克，料肉比（2.9～3.0）：1。半净膛率92.86%～94.04%；全净膛率79.76%～82.34%；胸肌重273克，腿肌重352克，腹脂重45克。

（3）繁殖性能　母鸭性成熟期182天。公母配种比例1：5，种蛋受精率90%以上，受精蛋孵化率85%以上，父母代种鸭每只母鸭年提供商品代鸭苗160只左右。

六、枫叶鸭

1. 产地与特点

枫叶鸭又名美宝鸭，是由美国美宝公司选育的优良肉用型鸭品种。枫叶鸭具有早期生长快，瘦肉率高，繁殖力强，抗热性能好，毛密而洁白等特点。目前已有广东省三水市畜牧科学研究所、珠海市广海种鸭场、湛江市畜牧局种鸭场等单位引进饲养。

2. 外貌特征

枫叶鸭雏鸭绒羽淡黄色，成年鸭全身羽毛白色。枫叶鸭体型较大，体躯前宽后窄，呈倒三角形，体躯倾斜度小，几乎与地面平行。背部宽平，公鸭头大颈粗，脚粗长，母鸭颈细长，脚细短；喙大部分为橙黄色，小部分为肉色，胫和蹼为橘红色。

3. 生产性能

（1）产蛋性能与繁殖性能　种鸭 25 ~ 26 周龄开产，平均每只母鸭 40 周产蛋 210 枚，平均蛋重 88 克，蛋壳白色。公母配比 1∶6，种蛋受精率 93%，受精蛋孵化率 90%。每只母鸭年提供商品代鸭苗 160 只以上。

（2）生长性能　商品代肉鸭 7 周龄活重 3.25 千克，料肉比为 2.8∶1，半净膛屠宰率 84%，全净膛屠宰率 75.9%，腿肌率 15.1%，胸肌率 9.1%，腹脂率 1.95%。

4. 利用前景

广东省三水市畜牧科学研究所 1988—1993 年先后分 5 批从美国引进枫叶鸭，并以其为素材选育三水白鸭。1996—1999 年，从建立零世代开始，已进行了两个世代的选育，进展效果良好。

第三章　鸭场规划与鸭舍建设

第一节　肉鸭场址的选择

鸭场的建设，属于农业生物环境工程的范畴。鸭场的环境工程，是为鸭群的生长、发育、繁殖创造适宜环境的工程，是现代化科学养鸭的主要组成部分。

鸭场的建设包括场址的选择，鸭场的布局，鸭舍的建筑和养鸭常用工具、设施的配备。

选择一个合适的鸭场场址，不但关系到经济效益的高低，而且是养鸭成败的关键之一。如果选择失误，勉强投入生产，会给将来的生产带来不应有的经济损失和诸多不便。因此，在养鸭之前应认真做好周密的计划，选择最合适的地点建造鸭场。

场址的选择要根据鸭场的性质、自然条件和社会条件等因素进行综合分析后决定，需注意以下几个方面。

一、濒临水源，水质良好，水量充足

鸭是水禽，日常生活离不开水，洗澡需要水，交尾配种更离不开水，每天还要有大量饮水。所以，水源的选择对鸭来说十分重要。鸭场一般建在河湖之滨，水面尽量宽阔，水深1～2米，水活浪小，避开主航道，以免干扰鸭群，引起应激。水源的水要充足。一般鸭场需水量的计算应以夏季最大耗水量为标准。耗水量最大的是填鸭，每只填鸭每天最高饮水量是日粮的4倍，每只填鸭最高填食量为0.5千克/天，最高饮水量可达2千克/天。洗浴用水按洗浴鸭的最高存栏计算，每只鸭平均每天用水8千克左右。选择的水源必须能达到每天每只鸭10千克水的标准。

此外，水源位置要适中，不宜离鸭场太远；水中无臭味或异味，水质澄清；水岸不应过于陡峭，坡度过大时鸭上岸、下水都有困难；水源附近应没有屠宰场和排放污水的工厂，离居民点也要远一些，尽可能将场址选在水源的上游（工厂、城镇的上游），以保持水质干净，不受污染。如每100毫升水中的大肠杆菌数超过5 000个，溶于水中的固体总量超过290毫克/升时，都被认为是污染的水。溶于水中的硝酸盐或亚硝酸盐的含量如超过50毫克/升，对肉鸭有害，应另找水源。

二、地势较高

建造鸭舍的场地要稍高一点，以免积水，最好略向水面倾斜，有5°~10°的小坡，利于排水。如果在山区建场，不宜选在昼夜温差过大的山顶，或通风不良和潮湿的山谷深洼地带，应选择在半山腰处建场。山腰坡度不要太陡，也不能崎岖不平。鸭场的土质黏性不宜太重，最好是雨后容易干燥的沙质土壤。必须注意，排水不良、易遭水淹的低洼地绝对不能建造鸭场。

三、交通方便

鸭场距离主要物资集散地要近些，应有公路、水路或铁路相通，便于运送产品和饲料，以降低运输费用。但不能在车站、码头或交通要道（铁路或公路）的旁边建场，否则不利于防疫卫生，而且环境杂乱，易引起鸭的应激反应，影响生长和产蛋。

四、方向朝南

鸭场朝向以坐北朝南最理想。鸭舍要建在水源北面，把鸭滩和水上运动场放在鸭舍南面，使鸭舍的大门正对水上运动场，向南开放。这种朝向的鸭舍冬季采光吸热好，夏季通风，但又晒不到太阳，具有冬暖夏凉的特点，有利于提高产蛋率。

如果找不到朝南的地址，朝东南或朝东也可以，但绝对不能在朝西或朝北的地段建鸭舍。朝西朝北的鸭舍，夏季迎西晒太阳，舍内气温高，像蒸笼一样闷热，不但影响鸭的生长性能，还会造成鸭子中暑死亡；冬季正迎着西北风，鸭舍保温困难，鸭子耗料多，生长少。所以朝西朝北的鸭舍，与朝南的鸭舍相比，用同样方法养鸭，生长速度要下降10%左右，而死亡率明显升高，饲料消耗多，经济效益差。生产者千万要注意这一点。

五、气候条件

鸭场要选在气候湿润，降雨丰沛的地方。沿海地区要考虑台风的影响，易遭受台风袭击的地方不宜建造鸭舍；夏季通风不良，气温过高，或冬季风大，易遭受寒流侵袭的地方也不宜建造鸭舍。

六、供电条件

鸭场晚上必须照明，电机孵化不能断电，因此，在选择场址时，一定要了解该地是否通电，周围电源的位置和到鸭场的距离，最大供电允许量，是否经常停电或电压不稳以及其停电规律。在经常停电的地区要自备发电机。电力安装容量以每只种鸭5~6瓦，商品鸭1.5~2瓦计算。这些问题在建造鸭场前都要通盘考虑，做好周密计划。

七、其他条件

肉鸭场的主要任务都是为城镇居民提供新鲜的商品鸭，因此，既要考虑服务方便，又要注意城镇卫生，还要考虑场内鸭群的卫生防疫。因此，场址应选在城近郊，一般以距离城镇10~20千米为宜，种鸭场可更远一些。

排水问题是鸭场的一个重要问题，应对当地排水系统有所了解，如排水方式，纳污能力，污水能否处理等。一般鸭场多建在旷野之中，周围多为农林田野，可利用鸭场污水灌溉林地和农田，这样既能排污，又能灌溉肥田。当鸭场周围农田面积狭小时，要充分考虑土地的纳污能力。还可以利用鸭场污水养鱼，有控制地将污水排向养鱼坑、塘，做到既可纳污，又能肥塘。

第二节　肉鸭场地的规划

一、布局原则

1. 利于生产

鸭场的总体布置首先满足生产工艺流程要求，按照生产过程的顺序性和连续性进行布局，从而有利于生产，便于科学管理，提高生产效率。

2. 利于防疫

集约化、大规模的养鸭场饲养密度大，鸭病容易发生和流行，因此卫生防疫工作至关重要。要在整体布局上着重考虑鸭场的性质、鸭的抵抗力、地形条件、主导风向等，合理设置防疫距离。同时还应采取一套确实可行的防疫措施，因为行政管理区人员与外来人员接触的机会比较多。一旦外来人员带有烈性传染病，管理人员就会成为传递者，将病源带进生产区。从人的健康方面考虑，应实行生产区与行政管理区和生活区分开。一般将政管理区设在生产区的上风向，地势高于生产区，将生活区设在行政管理区的上风向。

3. 利于运输、节约基建投资费用

集约化养鸭场生产、生活及产品的运输任务非常繁忙，因此在鸭场内的建筑物和道路要考虑到生产工艺过程和外部联系的畅通，尽可能使运输路线方便，禁止道路迂回、重复。各建筑物之间的距离要尽量缩短，建筑物的排列要紧凑，以缩短建筑道路、管线的距离，节省建筑材料，减少建筑投资。

4. 利于生活管理、提高工作效率

规模化养鸭场要在总体布局上使生产区和生活区即分离又联系，使生活区不受鸭场的空气污染和噪声干扰，为职工创造一个舒适的条件，同时又方便生活管理，提高工作效率。在进行鸭场各建筑物的布局时，需将各种鸭舍排列整齐，使饲料、粪便、产品、供水及其他运输呈直线往返，减少转弯拐角。

根据以上原则就地势高低和主导风向，将各种房舍依防疫需要的先后次序进行合理安排（图3－1和图3－2）。当地势与风向不一致时，要以风向为主，地势服从风向，同时增加设施解决地势原因形成的矛盾，如挖沟、设置障碍等。在生产区内部，育雏舍安置在上风头，种鸭舍与育雏舍并排，但在下风头，同时要求种鸭舍与其他鸭舍应有300米以上的距离。兽医室安排在鸭场的下风头，粪道设在下风处。为了方便作业，饲料仓库设在生产区和行政区之间，并尽可能设在耗料最多的鸭舍。要求行政区设在生产区风向平行一侧，生活区设在行政区之后，行政区与生活区应离开放鸭的河道，保证生活污水不排入河道。

各区域之间应用绿化带和围墙严格分开。生活区、行政区要远离生产区，生产区要绝对隔离。生产区四周设防疫沟，仅留两条通道：一条为饲养员进行雏鸭饲喂、饲料运送等正常工作的清洁道；另一条为处理鸭粪和鸭群淘汰等的污道，两条不能交叉。

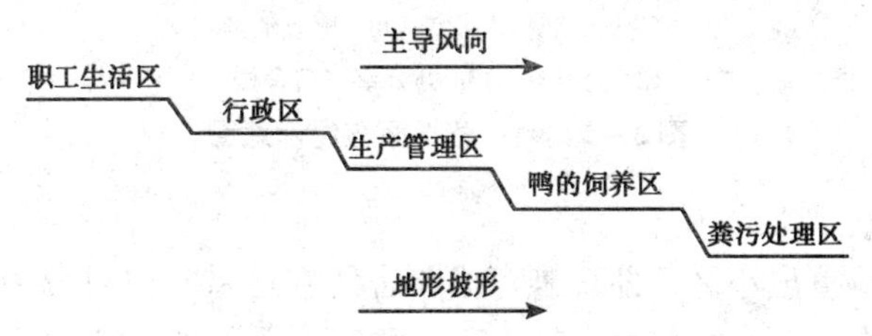

图3－1　鸭场按地势、风向分区规划示意图

二、鸭场布局

鸭场布局是养鸭成败的关键之一，并且鸭场的集约化程度越高，鸭场布局对其影响越大。一个完整的规模化养鸭场包括生产区、辅助生产区和生活及管理区3大区域。生活区最好自成一体，通常距行政区和生产区100米以上，行政区和生产辅助区相连，有围墙隔开。生产区内的排污区应在主风向的下方，并与生活区保持较大的距离。各区排列顺序按主导风向，地势高低及水流方向依次为生活区、行政区、辅助生产区、生产区和污粪处理区。如地势与风向不一致时则以风向为主；风向与水流向不一致，则以风向为主。

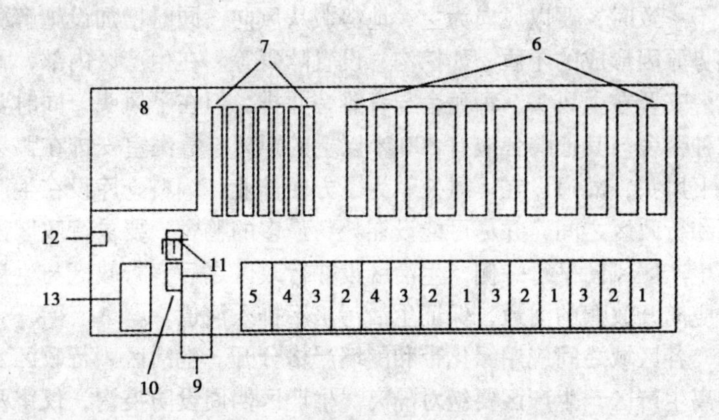

1. 成年种鸭舍；2. 饲喂场；3. 水池；4. 种雏舍；
5. 幼雏舍；6. 育肥鸭舍；7. 肉仔鸭舍；8. 饲料区；
9. 孵化区；10. 兽医室；11. 更衣消毒室；
12. 门卫室；13. 办公室、宿舍楼

图3－2　鸭场总平面布局示意图

1. 生产区

育雏育成小区，即育雏育成鸭舍所在区域，也可分为育雏、育成两个小区。成年鸭生产小区：即种鸭舍所在区域。门卫及更衣消毒室。孵化小区（种鸭场设），主要包括种蛋库、孵化、出雏、存雏、清洗、消毒更衣等厅室。排污区，包括粪便、污水排放、处理，以及病、死鸭处理设施与场地（粪场应在生产区之外）。

2. 辅助生产区

库房，包括物料库、商品库、饲料库、其他材料库、车库等；水、电、暖供应小区，包括供水、配电、锅炉及维修车间等；技术室与兽医室等。

3. 生活及管理区

生活小区，有宿舍、食堂、文化娱乐室、医务室等。行政管理小区，设供销、财务、办公及车库、门卫等。

4. 鸭场道路

规模化养鸭场的运输非常繁忙，主要用于运输饲料、商品鸭、种蛋、生产生活用品等。从防疫角度考虑，防止交叉感染，在规划道路时应分工明确。鸭场的道路一般分为两种：一种为清洁道，用于运输饲料、商品鸭、种蛋等清洁品；另一种为污染道，用于运输鸭粪、病鸭等。在总体布局时，将清洁道和污染道相互分开，不能有交叉，各设在一侧呈梳状布置，末端设场地。外来人员及车辆一般不能进入场内，但如果交叉不能避免时，应在交叉设路栏或隔离带，并且要在交叉点设置消毒池，人员、车辆进入场内时，必须经过清洗消毒。为了满足汽车等机动车调头的要求设置回车场。如果受土地面的限制，无条件设置回车场，可以利用道路与鸭舍之间的空地，按道路要求铺成硬地面，作为回车所需要的场地。一般要求主干道为5.5～6.0米宽，当有回车场时宽3.5米，一般道路宽为3.0～4.5米。

三、孵化场布局

1. 组成

包括种蛋冷藏室、种蛋处理室、孵化室、出雏室、雌雄鉴别室、储藏工具室、中央控制室、电工室、维修间、管理用房(包括工作人员消毒室、更衣室、休息室、办公室等)。

2. 布局

各室的面积根据孵化量和所用设备条件来决定。一般来说，如果在室内只放一台孵化机或出雏机时，机器前后宽2米；若孵化机或出雏机一侧开门，设备单侧放置，一侧保留2～2.5米宽的走道，并在另一侧留0.8～1.0米宽的道路；如果机械两侧放置，在中央设3～3.5米宽的走道，以便操作。

孵化场的布局原则：从种蛋进入孵化场到雏鸭发送的生产流

程，由一室到另一室循环运行，不能交叉重复（图3－3）。孵种蛋应由一端进入，出壳雏鸭由另一端出去，也就是说，种蛋的流向是由一室进入相邻的另一室，不可逆向流动。孵化室的工艺流程很复杂，大致包括：种蛋的检验，种蛋消毒，种蛋入库，孵化间，出雏间，雌雄鉴别，存雏等，如图3－4所示。

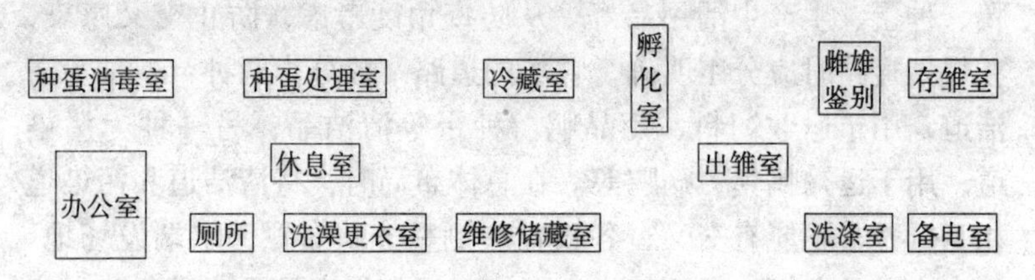

图3－3　孵化场从种蛋到雏鸭发送到孵化场的总体布局示例

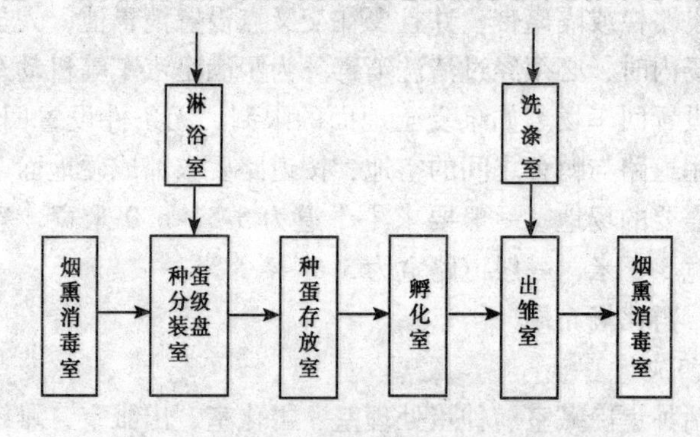

图3－4　种蛋—雏鸭在孵化场中的流程

第三节　肉鸭鸭舍的建筑类型与必备设施

一、鸭舍的类型

1. 鸭舍屋顶的式样

可根据鸭场的性质、要求和建设者的爱好等因素，选择适宜于自己的式样，目前养殖户多采用单坡式或双坡式。

（1）单坡式　单坡式结构的鸭舍，跨度小，用材较少，经济实用，阳光充足，雨水后流，前面容易保持干燥，适于建设运动场。这种结构的鸭舍，其室温易受外界气温的影响。总的来说，这种禽舍适于小规模鸭的饲养。

单坡式禽舍一般进深3米，前墙高2.6米，后墙高2.3米，正面宽根据饲养规模而定，并可根据具体情况隔成若干间。

（2）双坡式　双坡式的跨度较单坡式大，但因建筑材料的限制，又不能造得过大，是目前应用较广的一种禽舍，适于大规模机械化养鸭。但舍内采光和通风较单坡式禽舍稍差。这种禽舍一般跨度在6米左右，最大不超过9米，檐口高2～3米以上。

2. 各类鸭舍的建筑

鸭在不同生长阶段对温度、光照、空气等外界环境的要求差异较大，因此，应建有形式和结构不尽相同的鸭舍，以供饲养不同生长阶段的鸭。总之，禽舍的建筑除掌握一般原则外，还应考虑禽舍的不同用途要求。

（1）育雏舍　类似于其他家禽，鸭刚出壳的幼雏，其生理机能还不健全，几乎没有调节体温的能力。人工育雏成功与否，关键的环节就是保温。因此，育雏舍要有良好的保暖性能和相应的设施，育雏舍还要求阳光充足、通风良好。为了既保证育雏温度，又节省保暖成本，育雏舍不宜过高，檐高一般2米左右。

育雏舍一般采用单坡式或双坡式。双坡式跨度5～6米左右，单坡式的跨度3米左右。四周用砖砌，墙壁要比其他禽舍稍厚，尤其是北面墙壁，以利于保温。门最好开在东西两头，南北开窗。窗与舍内面积之比为1：（6～8），寒冷地区窗的比例宜适当小些，北窗一般为南窗的1/2，南窗离地60厘米，北窗离地100厘米。要严防间隙风，墙面、门和窗要无缝。墙面最好抹灰，门和窗上最好设有布帘，既便于遮光，也可避免冷风直入禽舍。南墙应设气窗，以便于调整舍内空气，克服保暖和通气的矛盾。

育雏舍屋顶应设天花板，寒冷地区还要有保温层，如在天花板上铺一层糠壳，可增加保温效果。地面应为水泥铺成，并有排水系统，以利于禽舍清扫、清洗和消毒。

室温育雏要求室温能保持在20～30℃。如有保温伞或其他加热方式育雏，室温可适当低些。为有利于雏鸭的生长发育，育雏舍最好分隔成若干小间，进行小群育雏。

（2）育成鸭舍　育成鸭舍建筑的基本要求类似于育雏舍，但是保暖要求没有育雏舍那样严格。随着鸭的生长，代谢量增大，对鸭舍的通风换气和空气新鲜的要求提高。单坡式或双坡式育成鸭舍可在顶棚上适当开出气口，并设置拉门，通过调节出气口的大小来调节空气的流量，使污浊气体经出气口排出室外。室内四周要设窗户，以增加采光。正面窗户宜多，侧面和后面宜少。

一般情况下鸭在22日龄时进入育肥期，这个时期鸭对外界环境适应能力较强，活泼好动，要求的活动面积逐渐增大，除了相应减小饲养密度外，采用平育方式饲养的，可以设水上运动场，供鸭群活动和进行阳光浴，并在四周栽树或搭阴棚，以利于夏季防暑降温。

由于育成阶段的鸭自我调节温度的能力逐渐增强，在气候温和的地方，育成禽舍的建造可以从简。例如修建成有顶棚、而四周无墙壁仅以尼龙网代之的鸭舍；或者三面墙壁用砖砌，南面围以尼龙网；或者将鸭直接置于露天网室饲养，露天网室长30米，宽34米，四周围以防逃网，内放置饲槽、饮水器和栖架，供鸭采食、饮水、栖息、避光、避雨。

（3）商品鸭舍　商品鸭舍用于饲养育成阶段的肉鸭，其建筑的基本要求与育成鸭舍相似。只是肉用鸭饲养一般采用全进全出制，鸭舍的大小和栋数应根据饲养方式、生产规模和饲养期长短等因素确定。应着重考虑为保证全年均衡上市或市场销价最好的季节上市所应修建的鸭舍数量。

（4）种鸭舍　种鸭舍又称产蛋舍，主要供种用鸭产蛋用，休产期的种用鸭也在其中饲养，也可用作饲养育成阶段以后至性成熟前的鸭。

为提高产蛋量和种蛋质量，在过冷、过热或一年四季温差大的地区，种鸭舍的隔热保暖性能要做到冬暖夏凉。由于种用鸭体重达最大，代谢活动较育雏阶段和育成阶段旺盛得多，种鸭舍要求通风条件好。鸭的性成熟和产蛋量，可通过人工辅助光照来促进，因此，种鸭舍内要有照明装置，以便提供人工辅助光照。一般光照强度保持每平方米2～3瓦。

种鸭舍的具体设计，要根据饲养方式、种鸭数目以及走道宽度决定。其舍内设置较为简单，多分成若干小间，以便在休产期将公、母鸭分开饲养。在繁殖产蛋期，则每个小间饲养一个繁殖群。鸭舍的地面要铺水泥，并设有排水沟，以便清除粪便和排水。墙壁应涂防水材料，沿墙的四周放置巢箱。为了节省人工，可用散装饲料桶或自动饲槽。

（5）孵化室　根据鸭种蛋的数量，采用温室孵化、家禽代孵或机器孵化。孵化室应远离鸭舍，紧邻种蛋库。具体建筑要求有保暖隔热性好，温度宜保持在24℃左右；室内通风良好，层高3.5米以上，墙上装排风扇；墙壁油漆、地面光滑，以便于清洁、消毒；有良好的防疫隔离条件。此外，还要能防鼠、防蚊蝇、有下水道等。

（6）种蛋库　种蛋库用于存放鸭的种蛋，要求有良好的通风条件以及良好的保温和隔热降温性能，库内温度宜保持在10～20℃。种蛋库内要防止蚊、蝇、鼠和鸟的进入。种蛋库的室内面积以足够在种蛋高峰期放置蛋盘，并操作方便为度。

二、鸭舍必备设备

（一）保温伞

保温伞可用纤维板、夹板、木板或锌铁皮制造，有坐式与吊式两种（图3－5，图3－6）。热源可以是燃烧天然气、蜂窝煤炉、发热管和红外线灯泡。如果热源是蜂窝煤炉，要特别注意安装排气管，以防人禽一氧化碳中毒。

图 3－5，图 3－6 所示保温伞规格，每个大致可供 200～300 只雏鸭保温。

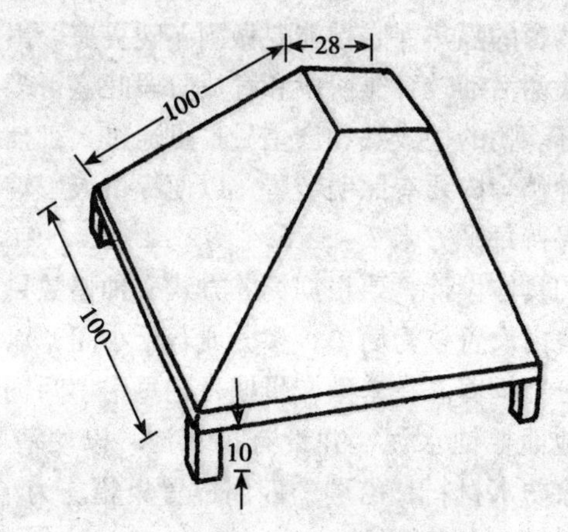

图 3－5　坐式保温伞（单位：厘米）

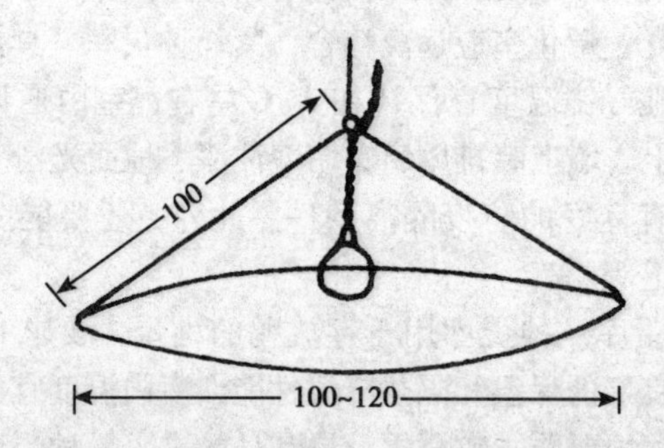

图 3－6　吊式保温伞（单位：厘米）

（二）喂料器

鸭喙部扁平而长，采食动作的特点是“前舀”，所以使用的喂料器的饲喂区域应留出充足的空间，使其能完成“前舀”的取食动作。

1 周龄的幼雏可用浅盆盛料饲喂，浅盆有方形与圆形两种。方形的规格约为 50 厘米×（50～60）厘米×3 厘米，圆形的规格约为直径 60～70 厘米，具体选用可视群体大小、操作难易而定。喂料器的材料可用铁皮、铝皮、木板、纤维板。广东盛产竹子，多采用竹笏编织的窝箕作喂料器，直径为 60 厘米的窝箕可供 200 只 1 周龄雏鸭使用。

1 周龄以后，可改用饲料桶（图 3－7）。随着鸭周龄的增大，图 3－7 中所示尺寸应适当增加，底盆外周高度可增至 8 厘米，底盆外周至圆筒距离可增至 10 厘米，以保证喂料区有较大的空间。

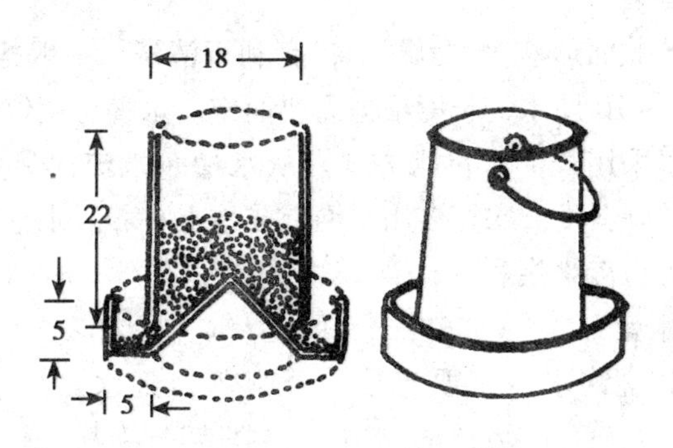

图 3－7　饲料桶（单位：厘米）

在实际生产中，饮水喂料两用器也是相当实用的用具（图3－8），底盆可用塑料盆、木盆，特别值得推荐是农村用来喂猪的廉价结实的塑料盆，罩子可用粗铁丝焊制或用竹笏编织。

大型集约化生产的鸭场，也有采用自动喂料系统的，用变向螺旋输送器或带式输送机把饲料输送到饲料槽，供鸭采食。

（三）饮水器

饮水器种类有多种：水槽、水盆、真空饮水器、钟形饮水器。

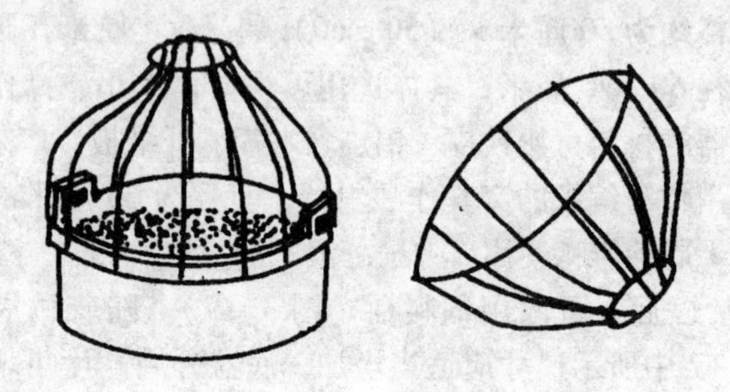

图3-8　饮水喂料两用器

1. 水槽

槽的截面形状为“U”形，有利于清洗。一般槽深5~6厘米、宽5~10厘米，长度根据需要而定。水槽可用锌铁皮或塑料制成，多采用长流水供水方式。从水槽一端流向另一端需要有0.06%的倾斜度。水槽多用于网上或地上平养。水槽的缺点是耗水量大，易传染疾病。

2. 水盆

用水盆饮水一定要有罩，否则鸭会到水盆中洗澡，污染饮水。

3. 塑料真空饮水器

由盛水盘和贮水桶两部分组成（图3-9）。整个贮水桶是密封的，不能漏气，否则水会全部流光。贮水桶下缘有一个直径1~2厘米的小孔作出水用（孔的高度为盛水盘深度的1/2左右）。当盛水盘水位低于小孔时，容器内的水便流出，直到淹没小孔为止。塑料真空饮水器有3磅、6磅、8磅、12磅等规格，可根据鸭龄大小而加以选用。1周龄鸭经常会走进饮水器的盛水盘中游泳，既污染饮水，又常常把全身羽毛弄湿而引起感冒。建议在鸭1周龄时，在盛水盘中放几块乒乓球大小的干净石块，以防止其进入盘中游泳（图3－10）。2周龄开始，可以用砖块垫高饮水器，而把小石块取走。

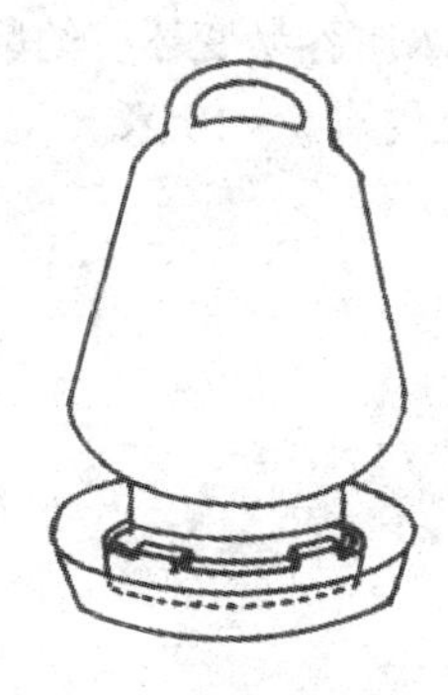

图3－9　塑料真空饮水器

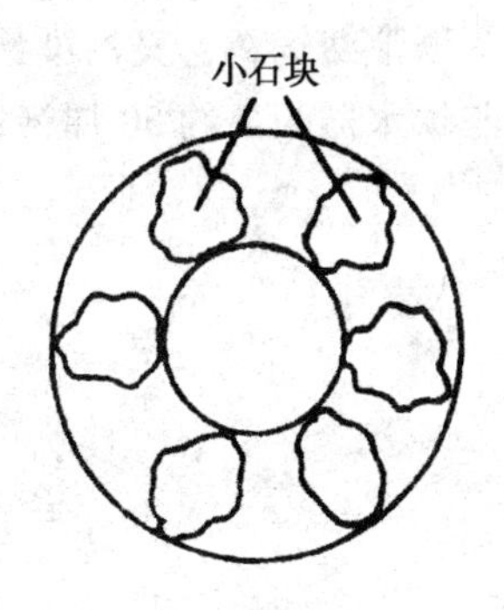

图3－10　盛水盘中小石块摆放位置俯视示意图

4. 钟形饮水器

形状与塑料真空饮水器相似。其供水原理是靠整个饮水器的重量来控制的（图3－11），多用于平养。

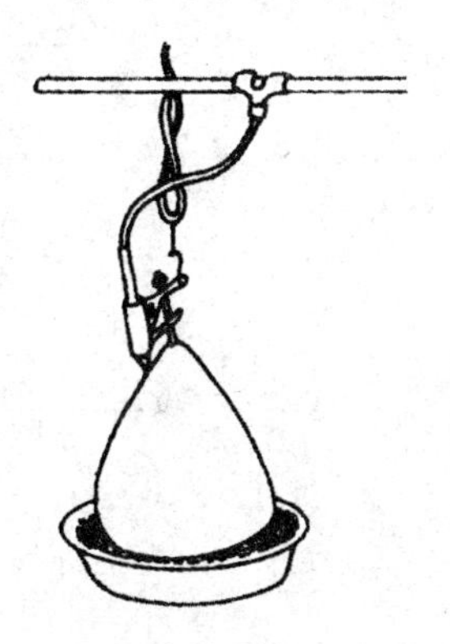

图3－11　钟形饮水器

不论采用何种饮水器，都应注意使水盘或水槽高度能与鸭背齐平或稍高于鸭背，既方便鸭群饮水，又可免使鸭群因玩水而浪费饮水、污染饮水和弄湿鸭舍。同时，饮水器与饲料槽（桶、盆）应有一定距离，以免鸭含一口饲料后又到近处的水槽（盘）中饮水，既浪费饲料，又污染饮水，夏天水质容易变坏。幼龄鸭饲料桶与饮水器距离约50厘米，中鸭以上要有5～10米。

第四章 肉鸭的繁育

第一节 肉鸭的生殖生产

一、鸭的生殖系统

1. 公鸭的生殖系统

公鸭的生殖系统是由睾丸、附睾、输精管和阴茎所组成的。

（1）睾丸 家禽有左右对称的两个睾丸，是产生精子的器官。鸭的睾丸呈不规则的圆筒形，由短的睾丸系膜悬吊于腹腔体中线，在最后两条椎肋上部并突向后方。睾丸位于肾前部的前腹侧，前接肺，后线接触髂总静脉。通常左侧的睾丸比右侧的略大，性活动期，鸭睾丸体积大为增加，最大者可长达5厘米、宽3厘米。睾丸精细管之间的间质细胞分泌雄性激素，刺激性器官发育和维持第二性征。由睾丸内精细管的上皮细胞分化成精细胞、次级精母细胞、精子细胞和精子。

（2）附睾 家禽的附睾没有哺乳动物那样明显的头、体、尾之分，家禽的附睾小而不明显，是由睾丸旁导管系统组成，不仅是精子进入输精管的通道，而且还具有分泌酸性磷酸酶、糖蛋白和脂类的功能。

（3）输精管 与附睾末梢相接的一对排出管，呈极端旋卷状。输精管在骨盆部伸直一短距离后，形成略为膨大的圆锥形体，称为脉管体，与精子贮存有关。最后形成输精管乳头，突出于泄殖道腹外侧壁的输尿管开口的腹内侧。输精管是精子的主要存贮器官。

（4）阴茎 鸭与鸡不同，鸭的阴茎属伸出性的。鸭有螺旋状扭曲的阴茎，由大、小螺旋纤维淋巴体在阴茎上共同组成螺旋形射精沟。性兴奋时，阴茎基部紧缩，整个肛道及阴茎游离部从泄殖腔孔腹侧前方伸出，其长度达5厘米左右，充满淋巴液，使阴茎游离部膨大变硬。鸭有真正的阴茎插入过程，当射精时，精液通过射精乳头进入螺旋状的射精沟，当阴茎勃起时，射精沟闭合成管状，达到阴茎的顶端。射精结束，淋巴液回流而压力下降，整个阴茎游离部陷入阴茎基部，缩入泄殖腔内。

2. 母鸭的生殖系统

母鸭生殖器官由卵巢和输卵管组成。在成体，仅存在左侧的卵巢和输卵管，右侧生殖器官在早期个体发育过程中，停止发育，并逐渐退化掉。

（1）卵巢　生殖腺由中胚层发生而来，孵化的前3天左右生殖腺同时发育，孵化第3天两侧腺内含有相同数量的原始生殖细胞，当进入第4天时，右侧性腺的许多原始生殖细胞向左侧性腺迁移，逐渐形成左侧性腺的原始生殖细胞比右侧多约5倍，出壳之前右侧性腺完全退化，仅留下痕迹。鸭的左侧卵巢悬吊于腰椎椎体腹侧，在肾内缘，腹腔内。接近性成熟时，卵巢的前后径可达3厘米，重量达40～60克。产蛋结束时，卵巢又恢复到静止期的形状和大小，再次产蛋期到来时，卵巢的体积和重量又大为增加。

卵巢由皮质部和髓质部构成，髓质部主要是结缔组织，髓质的间质细胞多单独分散存在，分泌雄激素，而卵泡外腺细胞常成群存在，分泌雌激素。皮质部位于卵巢外围，含有许多不同发育阶段的卵泡。未成熟卵泡包括初级卵泡和次级卵泡，内含卵母细胞。随着卵黄物质的不断积贮，卵泡愈益增大，并逐渐向卵巢表面突出，最后形成具有卵泡桶的成熟卵泡。

（2）输卵管　只有左侧输卵管。成体的左侧输卵管长而弯曲，起自卵巢正后方，长度和形态随年龄和不同生理阶段而异。未产蛋的仔母鸭，输卵管长度仅为14～19厘米，宽1～7毫米，重约5克，呈细长形管道；产蛋母鸭的输卵管弯曲伸长并迅速增大，可长达42～46厘米，宽1～5厘米，重约76克。到产蛋时，输卵管的长度比静止时增加4倍，重量约增加15～20倍。它包括漏斗部、膨大部、峡部、子宫、阴道。

二、鸭的繁殖

1. 鸭的适配月龄

公鸭的适配月龄鉴于品种不同有所差异，一般为6～8月龄。这期间公鸭精力旺盛，母鸭繁殖力也强。鸭配种月龄过早，不仅对其本身的生长发育有不良影响，而且受精率低。

2. 公、母鸭配比

如果采用本交方法，一般采用群配法。但要求公母比例一定要适当，公鸭过多或过少，都会影响受精率。公母配比大致为肉用型鸭1：（5～8），兼用型鸭1：（15～20）。

配种比例除了因品种类型而异之外，尚受以下因素的影响。

（1）季节　早春气候寒冷，性活动受影响，公鸭应提高2%左右（按母鸭数计）。

（2）饲养管理条件　在良好的饲养条件下，特别是放牧鸭群能获得丰富的动物饲料时，公鸭的数量可以适当减少。

（3）公母鸭合群时间的长短　在繁殖季节到来之前，适当提早合群对提高受精率是有利的。合群初期公鸭的比例可稍高些，如蛋用型鸭公母比可用1：（14～16），20天后可改为1：25。大群配种时，常可见部分公鸭较长时期不分散于母鸭群中配种，需经十多天才合群。因此，在大群配种时将公鸭及早放入母鸭群中是很必要的。

（4）种鸭的年龄　1岁的种鸭性欲旺盛，公鸭数量可适当减少。实践表明公鸭过多常常造成鸭群受精率低。

第二节　肉鸭的种鸭选择、组群方法与自然交配

一、肉鸭种鸭的选择

选择优良个体留作种用，称为选种。选择种鸭是为了确保父母代产蛋率高，商品代生长速度快，整齐。一般按体型外貌和生产性能两项指标进行选择。体型外貌首先从初生雏开始，选择生长发育好，绒毛柔软，眼大有神，反应灵敏，鸣声宏亮，活泼好动，腹圆脐平，胫蹼油润，体质结实，初生体重符合标准的留作种用。由于肉用型种鸭的体重和生长速度与6~8周龄的雏鸭体重和生长速度有较强的正相关，因此肉鸭种鸭应在8周龄时选择生长迅速、体重大、羽毛丰满、没有生理缺陷的鸭，留作种鸭用。其体型外貌应是喙宽而直，头大宽圆，颈粗中等长，胸部丰满向前突出，背宽而长，腹深，脚粗短，两脚间距宽的。对公鸭应着重选择个体长，背直而宽，胸骨正直，体型呈长方形与地面几乎平行，尾稍上翘，双腿的位置位于体躯中央，雄壮稳健的，留作种用。

二、种鸭的组群方法

通过选种，把优秀个体留下后，通过公母鸭的合理组群，以使优良的性状遗传给后一代。

1. 相似交配

或称同质交配。将生产性能相似或特点相同的个体组成一群，这种方法可以使后代同胞之间增加相似性，也使后代更相似于亲代。根据系谱资料判断，使具有相同基因型的个体交配，叫基因型同质选配。根据表型相似的选配，叫表型同质选配。

2. 不相似交配

又称异质选配。将生产性能不同或特点各异的个体进行交配，这种方法可增加后代的杂合性，降低亲代与后代的相似性。后代可能具有双亲优点。如不同品种或不同品系之间的杂交就属

于这一类。

3. 随机交配

在一群鸭中，公、母鸭随机组群，自由交配。这种方法一般是保持一个品种的群体遗传结构不变，适合于品种资源的保存。

三、种鸭的自然交配

1. 大群配种

在一大群种鸭中，公、母鸭自由组合，配种的机会均等，如果公、母鸭比例适当，则受精率高。但后代血统不清楚，一般只适用于繁殖场，不适合于育种场。大群配种，公鸭均要年龄和体质相似。

2. 小间配种

一个配种小间放入 1 只公鸭，再在室内置放产蛋箱。这样可以建立起父本的家系系谱。但所选用的公鸭要先进行生殖器官和精液品质检查，或检查种蛋的受精率，将生殖器官有缺陷和受精率低的公鸭淘汰。

3. 同雌异雄轮配

此法是为了多得到几个配种组合，或被测定的公、母鸭获得更准确的数据。其方法是：配种开始时，第一个配种期放第一只公鸭，留足种蛋的前两天，将第一只公鸭拿出，空一周后，于下一周放入第二只公鸭，前 5 天的种蛋不用，以后所得的种蛋为第二只公鸭的后代。如需测定第三只公鸭，按上述方法轮配下去。

第三节　肉鸭的人工授精

一、鸭的采精

1. 采精前的准备

（1）种公鸭选择　种公鸭第 1 次选择一般在 2 月龄进行，第 2 次选择公鸭一般在 6 月龄左右进行。选留的种鸭应生长发育良好、阴茎发育正常（3 厘米以上），性欲旺盛，按摩 15～30 秒就能勃起射精，并且精液品质达到标准。

（2）采精前的隔离和训练　同种公鸡一样，种公鸭在采精前15天应隔离饲养和进行采精训练。公鸭一般经过10~15天的按摩训练，才能建立条件反射。注意：公鸭开始训练之前，将泄殖腔外周1厘米左右的羽毛剪除。

2. 鸭的按摩采精

采精时，术者将鸭放在自己的膝盖上，尾部向右侧。助手在术者右边，用左手握住两只鸭腿固定之，使公鸭保持爬伏姿势，右手持集精杯。术者左手在公鸭背部，掌心向下，由翅膀基向尾部方向反复按摩。引起公鸭性兴奋部位是坐骨部，按摩此部位时要稍加用力，同时右手从下面用拇指和食指握住泄殖腔环，按摩8~10分。当阴茎在泄殖腔内勃起并突出于泄殖腔，右手感觉到其变硬时，左手迅速翻转到尾巴下方，拇指和食指按压泄殖腔上1/3部位两侧。这时勃起的阴茎翻出，同时助手将集精杯置于泄殖腔下方，使伸出的阴茎正好插入集精杯内，术者左手持续地一松一紧地挤压泄殖腔（阴茎的基部），直到精液排完为止。也可将公鸭放在高50~60厘米的采精台上，助手双手握住公鸭的腿及翅膀前端，稍向下用力按压，使公鸭呈现爬伏状，术者以上述方法采精。此法比放在膝上保定更为方便易行。

3. 注意事项

（1）公禽阴茎伸出时，有节奏地挤压泄殖腔时间不应超过30秒，用力要适当，以免造成勃起组织受伤而流血。

（2）一定要按压泄殖腔上1/3部位，这样阴茎上输精沟才能完全闭锁，精液便可从阴茎顶端射出，可收集到清洁的精液。否则会使输精沟张开，精液从阴茎基部流出，而收集不到精液。

（3）公鸭射精量小，故采精前应先在集精杯内放0.3~0.5毫升加温到40℃的稀释液或生理盐水。

（4）为防止精液污染，公鸭须采精前3~4小时绝食，以防排粪、尿。所有人工授精用具，应清洗、消毒、烘干。如无烘干设备，清洗干净后，用蒸馏水煮沸消毒，再用生理盐水冲洗2～3次方可使用。

4. 采精频率

公鸭隔天采精为好。

二、鸭的输精

1. 输精量与输精频率

鸭的输精量为每次精子数不少于0.8亿～1.0亿个，输精间隔时间以5～7天为宜。

2. 输精时间

鸭一般于夜间产蛋，故输精应在上午进行。

3. 输精方法

输精时一人坐于凳上，以左右手的拇指和食指各握母禽1只腿，其余3指伸直，在泄殖腔两侧压迫其腹部。在下压同时一并将母禽两腿带向腹部，加重对母禽后腹的压力。另一人用右手执吸取了精液的注射器，左手在母禽泄殖腔尾侧向下稍加压力，泄殖腔即行翻出两孔，然后将注射器插入其左侧开口内约5厘米，将精液慢慢注入。握禽腿者配合慢慢松手放弃压迫，阴道口即可慢慢纳入泄殖腔。

输精时应注意：无论使用何种输精器，均须对准输卵管开口中央，轻轻插入，切忌将输精器械斜插入输卵管；注意不要输入空气或气泡；防止相互感染。

三、鸭的精液保存技术

（一）精液稀释

1. 精液稀释的目的

公鸭精液量少，密度大，稀释后可增加输精母鸭数，提高公鸭的利用率；精液稀释可使精子均匀分布，保证各输精剂量都有足够的精子数；便于输精操作；稀释液能给精子提供能量，保障精细胞的渗透压平衡和离子平稳，并起到缓冲作用，防止pH变化，延长精子寿命，有利于精液保存。

2. 稀释方法与稀释比例

采精后应尽快稀释。精液和稀释液应分别装于试管中，同时放入30℃：保温瓶或恒温箱内，使两者的温度相等或接近，避免温差过大，造成突然降温，影响精子活力。稀释时稀释液应沿装有精液的试管壁缓慢加入，并轻轻转动试管，使之均匀混合。做高倍稀释时应分次进行，防止突然改变精子所处的环境。精液稀释的比例应根据精液品质和稀释的质量而定：精液经过适当稀释有利于体外保存。如果室温（18～20℃）保存，时间不超过1小时，稀释比例以1：（1～2）为宜。在0～5℃保存24～48小时，稀释比宜在1：（3～4）。冷冻精液，稀释比例常为1：（4～5）或更高。但稀释比例太高，难于保证输入足够的精子数，尤其作阴道输精时，输精量若超过0.4毫升，输入的精液就可能倒流于泄殖腔内。

3. 几种稀释液的配方

配方一，谷氨酸钠2克、柠檬酸钠0.57克、葡萄糖0.5克、蒸馏水100毫升、青霉素、链霉素各5万国际单位；

配方二，柠檬酸钠3克、蛋黄10克、蒸馏水100毫升；

配方三，氯化钠0.65克、氯化钾0.02克、氯化钙0.02克、蒸馏水100毫升。

（二）精液保存

1. 常温保存

新鲜精液常用隔水降温。在18～20℃范围内，保存不超过1小时即用于输精的，可使用简单的无缓冲的稀释液稀释。目前我国常用的是生理盐水（0.9%氯化钠）或复方生理盐水，后者更接近于血浆的电解质成分，稀释效果更好些。稀释比例为1：1。

2. 低温保存

新鲜无污染精液经稀释后，可在0～5℃条件下短期保存，使精子处于休眠状态，降低代谢率，从而达到保存精子活力和受精能力的目的。低温保存方法是用适宜的稀释液稀释之后，缓慢降温。操作时可以将30℃的稀释精液先置于30℃水浴中，再放到2～5℃的电冰箱中。如无电冰箱，可将装有稀释精液的试管包以1厘米厚的棉花，再放入塑料袋内或烧杯内，然后直接放入装有冰块的广口保温瓶中，便可达到逐渐降温的目的。精液在0～5℃若需保存5～24小时，则应使用缓冲溶液来稀释，稀释比例可按1∶（1～2），甚至1∶（4～6）。稀释液的pH宜在6.8～7.1。低温保存方法还有在精液稀释后，保存前使氧饱和的通氧保存法；精液中通空气法；在精液中增加气压等，都能获得较高受精率。

3. 冷冻保存

家禽的冷冻精液保存技术与家畜的低温精液保存技术有较大的差距。自Affner用-6℃冷冻30秒的精液输精获得第1只小鸡以后，Potge第1个成功利用防冻剂（甘油）冷冻鸡的精液以来，已有40多年历史。在这期间人们虽然进行了许多研究，如冷冻后精子形态和结构的变化、防冻剂选择、冷冻速度、冷冻后精液的输精量和输精部位等。虽然鸡的精液冷冻技术已有很大进展，但受精率的实验结果却很不一致，故迄今为止，冷冻精液还未作为实用性技术广泛应用。据报道，前苏联已实际应用鸡的冷冻精液技术。

第四节　鸭蛋的孵化

一、鸭蛋孵化的准备工作

无论是分批入孵还是整批入孵，在孵化前都要做以下几点准备操作。

1. 试表试机

孵化前要将温度计的准确性进行校正，做好孵化机的检修工作。在入孵前进行24小时试机运转，待试机正常、温度稳定后方可入孵。

2. 孵化器消毒

在入孵前1周，对孵化器进行彻底的清洗和消毒，一般采用福尔马林和高锰酸钾熏蒸（图 4－1）。

图 4－1　种蛋熏蒸消毒

3. 停电时采取的措施

一般孵化厂应备有专门的发电机（图 4－2），以防突然停电，如果没有备用发电机，应根据停电时间的长短、胚龄的大小及室温高低采取相应的措施。如胚龄小的种蛋，室温较低，可生炉火以提高室温，每 30 分钟人工转动风扇 1 次，使机内温度均匀。否则，热空气聚积于机内上部导致上部过热下部过凉；若胚龄高，自温能力强，应立即打开机门散热，每隔 1 小时翻蛋 1 次，以免种蛋产生的热量过多或转入摊床进行孵化。

二、鸭蛋装机入孵

将选好的种蛋大头朝上码放在孵化器蛋盘上（图 4－3），装在有活动轮子的孵化蛋盘车上。若整批孵化，可将孵化蛋盘车直接推入孵化器中；若分批入孵，要将新蛋孵化盘与老蛋孵化盘交错放置，让新、老蛋相互调温，使孵化器里的温度较均匀，还能使孵化架重量平衡（图 4－4）。同时，还要在种蛋上标注种类、日期、批次等；入孵时间最好安排在下午 16：00 以后，这样大批出壳时间正好在白天，便于工作的安排。

图4-2　备用发电机

图4-3　大头朝上码盘孵化

图4-4　装机入孵

三、鸭蛋孵化过程的管理

1. 温度的调节

温度是孵化的首要条件，只有在适宜的温度条件下才能保证胚胎正常发育。温度过高，胚胎发育加快，孵化期缩短，但雏鸭体弱，容易死亡；温度过低，胚胎发育缓慢，严重时会死亡。不同发育日龄的胚胎对外界温度条件要求不同，胚胎发育初期，代谢热少，要较高的孵化温度；发育中期代谢热有所增加，孵化温度也要相对降低；后期代谢热达到最高，孵化温度要求较低。

根据以上特点，一般整批孵化采用变温孵化，分批孵化采用恒温孵化法，具体方法如下。

（1）变温孵化　根据不同胎龄胚胎发育的情况，采用适宜的孵化温度进行孵化，具体可参考表4－1的方法定温，通过观察窗里面的温度计观察温度（图4－5）。有经验的孵化员还可用手触摸胚蛋或将胚蛋放在眼皮上测温（图4－6）。但是，在孵化过程中还要根据实际情况采用看胎施温的技术，必要时还可照蛋了解胚胎发育情况和孵化给温是否合适，如多数胚胎发育比规定日龄快，则表明温度偏高；反之，则温度偏低，如胚胎发育符合标准，则温度适合。

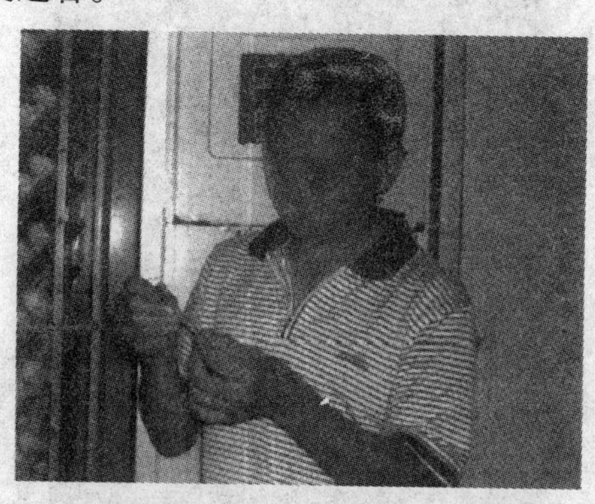

图4－5　观测温度

图 4－6　眼皮测温

变温孵化时，应尽量减少机内的温差，温度的调整应做到快速准确。

表 4－1　鸭蛋变温孵化施温参考（℃）

品种类型	孵化室内温（度）	孵化机内温度				
		1～5 天	6～11 天	12～16 天	17～23 天	24～28 天
小型	23.9～29.4	38.3	38	37.8	37.5	37.2
中型	23.9～29.4	38.6	38.3	38	37.5	37.5
大型	23.9～29.4	38	37.8	37.5	37.2	36.9

（2）恒温孵化　恒温孵化时，将新老蛋的位置交错放置，这样老蛋多余的代谢热被新蛋吸收，解决了同一温度条件下新蛋温度偏低、老蛋温度偏高的矛盾，还可节约能源，保证孵化率。

通常机内温度控制在 37.8℃，孵化器内要有 3～4 批种蛋。如果室温较高，可适当降低孵化温度。但应注意，在孵化过程中，应随时检查机内的温度是否均匀，孵化机内上下、前后、左右的温差一般不超过 0.1～0.2℃。温差可通过调整进出气孔等方式得到解决。如果温差较大时，也应注意定时调盘（图 4－7），减少温差对孵化率的影响。

图4－7　调盘

2. 湿度的调节

在孵化过程中，湿度对胚胎发育也有一定影响。如湿度过高，蛋内水分不易蒸发，影响胚胎发育；如湿度偏低，蛋内水分蒸发加快，容易造成粘连蛋壳的现象。但相对于温度来说，湿度要求不是那么严格，适宜的范围比较宽。一般孵化期间，湿度控制的基本原则是“两头高，中间低”，第一周相对湿度控制在75%～80%，孵化中期，胚胎要排出羊水和尿囊液，相对湿度保持在60%为宜；孵化后期，为使有适当的水分与空气中的二氧化碳作用产生碳酸，使蛋壳中的碳酸钙转变为碳酸氢钙而变脆，有利于雏鸭破壳而出，并防止雏鸭绒毛粘壳，相对湿度控制在65%～70%为宜。在鸭蛋孵化后期如果湿度不够，可直接在蛋壳表面喷洒温水（图4－8），以增加湿度。

在使用全自动孵化机孵化时，应随时检查供水系统、加湿装置、干湿球温度计等是否正常（图4－9），定期清除加湿装置、干湿球温度计上覆盖的鸭绒等覆盖物。在使用半自动孵化机时，可增加水盘扩大蒸发面积，提高水温和降低水位加速蒸发速度，增加机内湿度。

3. 机内空气的调节

胚胎对氧气的需要量随胚龄的增加而成比例增加。孵化初期，胚胎物质代谢较低，通过卵黄囊血液循环利用蛋黄中的氧气，因此氧气需要量较少；孵化中期，胚胎代谢作用加强，氧气需要量增多。孵化后期，每昼夜氧气需要量为孵化初期的 110 倍以上。在孵化中、后期，应逐渐加大通风量。

图 4－8　喷水

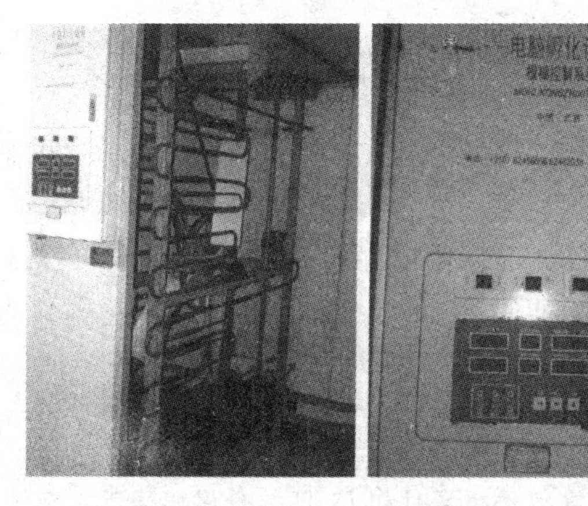

图 4－9　湿度控制系统

通风、温度和湿度之间有着密切的关系，在控制好温度、湿度的前提下，调整好通风量。一般孵化机内风扇的转速为 150 ~ 250 转/分，每小时通风量以 1.8 ~ 2 米为宜（图 4－10）。同时，还应根据孵化季节、种蛋胚龄大小，调节进、出气孔，以保持孵化机内空气新鲜，温度、湿度适宜。

图 4－10　通风装置

4. 翻蛋

在孵化过程中进行翻蛋，特别是孵化的前、中期可以促进胚胎运动，保持胎位正常，防止与蛋壳粘连，提高孵化率，同时可增加卵黄囊血管、尿囊血管与蛋黄、蛋白接触面积，有利于养分的吸收，还可以通过改变蛋的相对位置，使机内不同部位的胚蛋受热通风更加均匀，有利于胚胎的生长发育。

机器孵化翻蛋应勤翻为宜，一般每两小时翻蛋 1 次，具体的翻蛋频率要视具体情况而定，角度最小应达 90°，最好达到 110°（图 4－11）。可在每次照蛋时和 13 日龄时将鸭蛋手工翻转 180°（图 4－12）。手动转蛋要稳、轻、慢。一般在孵化的前期、中期，翻蛋对孵化率的影响较大，到孵化后期特别是出壳的前几天，因胚胎全身已覆盖绒毛，不翻蛋不致引起胚胎与壳膜粘连，因此可以不再翻蛋。

图 4 – 11　翻蛋

图 4 – 12　手工翻转

5. 照蛋

在鸭蛋的孵化过程中要进行 3 次照检（图 4 – 13）。一般第一次照检在入孵后 6 ~ 7 天进行，及时剔除无精蛋和死胚蛋。其中无精蛋只能看到浅黄色的蛋黄悬浮于蛋内，蛋白透明，看不见血管；死胚蛋蛋内多呈无规律的血环或血线，无血管扩散，蛋黄散沉；而发育正常胚胎可看到明显的鲜红血管网及很小的胚胎。入孵后 13 ~ 14 天进行第二次照检，剔除死胚蛋和漏检的无精蛋。第三次照检可结合转盘进行，减少照蛋的工作量。照蛋要稳、准、快，尽量缩短时间，有条件时可提高室温。

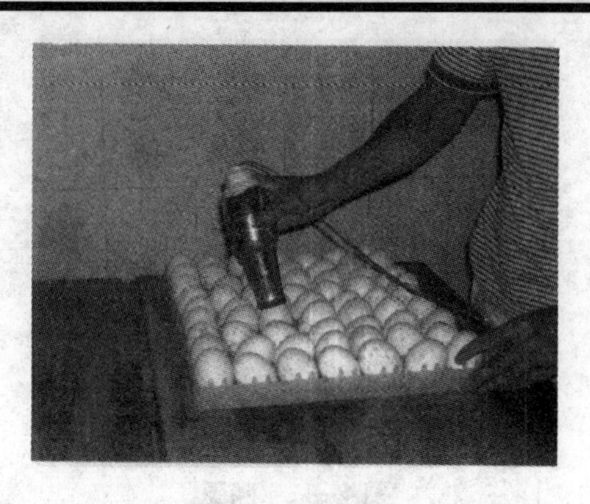

图 4-13　照蛋

6. 晾蛋

由于孵化至中后期，胚龄逐渐增大，脂肪代谢能力加强，产生大量的生理热，就需要通过晾蛋来在短时间内降低蛋温，帮助胚胎散发多余的生理热，避免出现“烧死”胚蛋的情况，对大型肉鸭种蛋的孵化尤为重要。

晾蛋的次数和每次晾蛋的时间可根据季节、室温和胚胎发育程度而定，视具体情况灵活掌握。通常鸭蛋孵化到 14 天后，就开始晾蛋，每天晾蛋两次，每次 20 ~ 30 分钟，最多不超过 40 分钟。如胚胎发育较慢时，可推迟 1 ~ 2 天晾蛋，或者减少晾蛋次数和时间，胚胎发育过快，则可提前晾蛋或增加晾蛋次数和时间。如是整批入孵的蛋，一般采用机内晾蛋，关闭供温电路，停止给温，打开机门，让风机继续运行，达到晾蛋的目的（图 4 - 14）。如是分批入孵的蛋，则将胚龄大的蛋取出在机外晾蛋（图 4 - 15）。晾蛋的温度可用眼皮测试，将蛋放在眼皮上，感觉不发烫又不发凉即可继续孵化。夏季晾蛋时蛋温不易下降，可将 25 ~ 30℃的温水喷在蛋面上，表面见有露珠即可，以达到降温和增加蛋壳通透性的目的。

7. 移盘（落盘）

鸭胚孵至 25 天时进行最后 1 次照检，将发育正常的胚蛋从

图 4－14　机内晾蛋

图 4－15　机外晾蛋

孵化器的孵化盘移到出雏器的出雏盘内，称移盘或落盘。移盘时间应根据胚胎发育时间而定，如发现胚胎发育普遍缓慢应推迟移盘时间，具体掌握在约 10% 鸭胚“打嘴”时进行移盘。移盘前可提高室内温度，移盘时动作要轻、稳、快。移盘后应注意提高出雏器内的相对湿度和增大通风量。

四、出雏

鸭蛋孵化进入第28天时开始大量出雏，出雏期间不应经常打开机门，以免降低出雏机内的温度和湿度，还应关闭机内照明灯，以免引起雏鸭的骚动。具体要进行以下操作。

1. 捡雏

捡雏时动作要轻、快，尽量避免碰破胚蛋。绒毛已干的雏鸭要及时捡出，同时捡出蛋壳，以防蛋壳套在其他胚蛋上闷死雏鸭（图4－16）。一般每4小时左右捡雏1次，也可以出雏30%～40%时捡第一次，出雏60%～70%时捡第二次，第二次捡雏后，将已“打嘴”的胚蛋并盘集中，放在上层，以促进弱胚出雏，最后再捡1次并“扫盘”。

图4－16 捡雏

2. 人工助产

在出雏的末期，对已啄壳但无力自行破壳的雏鸭可进行人工破壳助产，但要保证胚蛋蛋壳膜已枯黄，胚蛋蛋黄已进入腹腔，尿囊绒毛膜已完全干枯萎缩，在此情况下可轻轻剥离其粘连处，把头、颈、翅拉出壳外，令其自行挣扎出壳。蛋壳膜湿润发白的胚蛋，雏鸭脐部还未愈合，不能进行人工助产。否则，将会使尿囊绒毛膜血管破裂流血，造成雏鸭死亡或成为残弱雏。

3. 出雏室的管理

在出雏完毕后，应首先捡出死胎和残、死雏，并分别登记入表，对出雏器、出雏室、进行彻底清扫消毒（图 4－17）。

图 4－17　整洁干净的出雏室

第五节　鸭的现代选育方法

现代肉鸭生产最主要的进展是品种良种化，利用经典的遗传育种方法和现代技术手段，选育具有不同生产特征的品系，然后进行杂交配套，生产不同经济类型的商品现代肉鸭。

一、品系选育

品系是指在一个品种或一个品变种内，由于育种的目的和方法的不同而形成一些具有突出优点，并能将这些优点稳定遗传下去，具有一定数量的个体所组成的群体。品系的类别甚多，但按交配系统的不同，可大致分为近交系、系祖系、随交系和合成系。

1. 近交系品系

用近亲交配建立起来的品系称为近交系。近亲交配是指血统或亲缘关系相近的两个个体之间，如连续全同胞交配，连续半同胞交配，以及亲子、祖孙级进交配等，经一定世代，建成所需近交程度的各种近交系。一般认为禽群的近交系数至少不应低于37.5%，方可称为近交系。而近交系不是围绕某一优秀个体进行近交的，因此，建立近交系时首先要建立基础群。基础群由于近交退化，需要禽群进行大量淘汰，因此基础群数量要大；各对组成基础群的优秀个体要进行严格选择，特别是公鸭，最后要经过后裔测定，证明是优秀个体，经测交试验，无隐性致死、半致死等有害基因。一般来说，建立近交系时母鸭越多越好，公鸭数量则要适中，最好是同质的，而且相互有亲缘关系。在近交系建立的同时，要进行配合力的测定，一旦发现配合力高的近交系，则放缓近交进程，重点扩群，以加速建成优良的近交系。不同交配系统各世代的近交系数见表4-2。

表4-2 不同交配系统各世代的近交系数

近交世代数	全同胞交配 *Fx*	半同胞交配 *Fx*	级进交配 *Fx*
0	0	0	0
1	0.25	0.125	0.25
2	0.375	0.219	0.875
3	0.5	0.305	0.438
4	0.594	0.381	0.469
5	0.672	0.449	0.484
6	0.734	0.509	0.492
7	0.785	0.568	0.495
8	0.826	0.611	0.498
9	0.859	0.654	0.499
10’	0.886	0.691	0.499

注：Fx为个体的近交系数

2. 系祖系品系

以具有理想型标准的优秀个体作为系祖，大量选留它的后代，而且还围绕这一理想的优秀个体进行近交，扩大该理想型的个体数量，以巩固其优良的遗传性，从而使原来仅为个体所特有的品质变为群体所共有。这样建成的具有突出优点的禽群称为系祖系。建系祖系时，最关键的是选好系祖，系祖确定后，就要大量选留其后代。为了后代具有系祖的优点，系祖应尽量选配没有亲缘关系的同类型交配，即同质选配，同时加强对后代的选育和选择。

3. 随交系品系

是指使用随机交配系统从群体到群体的建系方法所建立起来的品系。随交系所选集的基础群，可不计个体间的血缘关系。只要是优良个体，即可入选组建基础群，然后进行封闭继代选育，使优秀性状迅速转为群体共有的性状。因此，随交系也称品群系、封闭系等。

4. 合成系品系

将若干品种或品系作为原始素材，用杂交育种的方法，使这些品种的特点集中起来，选育成一个新的品系，即称合成系。其方法是：第一年将若干个品种或品系进行正反交，获得第一世代，然后第一世代进行互交，获得第二世代，第二世代进行互交，获得第三世代，然后封闭，通过家系育种育成新品系，一般经过4～5年即可合成一个新的品系。

二、新技术在现代肉鸭育种中的应用

随着肉鸭生长速度的提高，脂肪沉积也相应增加，因此在提高生长速度的前提下，适当降低脂肪沉积，是当前育种工作者的首要任务。

1. 通过饲料转化率的选择来提高生长速度，降低脂肪沉积

鸭饲料转化率属中等遗传力。许多学者报道，饲料转化率的遗传力为0.26～0.33，而增重、饲料消耗和胴体脂肪率与饲料效率的相关分别为0.68、0.01和－0.69。因此，直接对饲料转

化率进行选择能提高生长速度，又能降低脂肪沉积。樱桃谷肉鸭、z型北京鸭及天府肉鸭都是通过饲料转化率的选择而降低脂肪沉积率的。

2. 降低肉鸭脂肪率的其他途径

由于肉鸭血浆极低密度脂蛋白（VLDL）含量与瘦肉率和脂肪率间呈显著的表型和遗传相关；血浆总甘油三酯含量与脂肪率间也同样存在着显著的相关，因此，通过血浆 VLDL 含量对肉鸭进行早期辅助选择，则能加速降低肉鸭的脂肪沉积。该法在肉鸭育种上已取得成功。沃特斯等人研究表明，北京鸭胸部皮肤及皮下脂肪与胴体总脂肪含量成高度正相关，因此，对肉鸭胸部皮脂进行选择也能降低肉鸭整个胴体脂肪含量。另有学者利用超声波扫描仪活体测定北京鸭胸肌厚度，并按所得指标采取相应措施，能显著提高胸肌重，降低脂肪率。

第五章　肉鸭的饲养管理技术

第一节　肉鸭种鸭的饲养管理技术

一、种公鸭的饲养与管理

经过后备期的限制饲喂，公鸭的体重得到适当控制。到育成后期，鸭群饲喂量将迅速增加，到母鸭产蛋时鸭群将改为自由采食。如果这个过程开始的时间太早，则公鸭的体重将超重，这对种蛋的受精率将产生一定的负面影响。在母鸭产蛋后，开产期前两周时此时鸭群产蛋率为5%通常将限制饲喂改为自由采食。这样既可以防止公鸭体重超重，而又不会妨碍母鸭开始产蛋。

在刚开始产蛋时，每100只母鸭配16～20只公鸭。公鸭过多会扰乱鸭群秩序，随时清除过剩的公鸭。

在管理良好的种鸭群中，蛋的受精率应超过入孵蛋的90%，孵化率应超过入孵蛋的80%。在种鸭群中实行人工授精技术也是可行的，但目前种鸭场还很少实行。采用人工授精后可大大减少公鸭的饲养量，减少鸭群中的追逐应激，节省饲料成本。

二、巢箱和垫料的管理

产蛋巢箱必须数量配足，质量良好，方便母鸭出入，在产蛋时可避免外界的干扰。每4只母鸭应有1个，其内的垫料必须柔软、清洁、干燥，比其他地方的垫料好，使鸭感到巢箱内最舒适，只喜欢在巢箱里产蛋。若见巢箱里有粪便和破蛋等脏物。应立即除去。巢箱内的垫料最好是刨花，其次是谷壳，木屑和干稻草最好不用，每周至少更换两次，将旧垫料取出铺在鸭舍其他地方，再将最新鲜、柔软的垫料铺进巢箱。下雨天若鸭在户外活动多而易弄湿地面和垫料时，则需天天更换全部巢箱垫料。垫料必须防霉，不宜采用花生壳及已经霉变的垫料。地面上的垫料也必须经常保持干燥、清洁、柔软，若其变脏变湿，不仅影响种鸭的产蛋性能，而且会影响巢箱卫生，从而影响蛋的清洁和孵化结果。垫料潮湿不洁还会引起腿病和寄生虫病，从而影响公、母鸭交配及受精率，导致其他疾病流行。

保持巢箱和垫料情况良好还需注意做好以下几点：①通风必须良好，以排除产蛋棚内的湿气；②饮水器必须放置在排水良好的地方，如设有排水沟的区域或运动场，使溢出的水及时排除而不会弄湿弄脏地面及垫料；③在炎热季节喷水降温时，不要喷到巢箱区域，而且不能弄湿地面及垫料；④湿的、硬的、差的垫料必须加以更换，或者用新鲜、干燥、柔软的垫料覆盖。

三、喂沙补钙

像后备种鸭一样，要给种鸭提供不溶性的、颗粒适中的沙砾，使鸭的消化功能加强。这些沙砾应装在单独的盆或槽中，供鸭任意采食。如果鸭舍设有沙地运动场，鸭能在运动场上采食到足够的沙砾，可不必补喂。

当饲料中的钙、磷满足不了产蛋生产需要时，必须供给鸭群可溶性的钙磷剂，如贝壳粉、磷酸氢钙粉、石粉等，颗粒应稍粗，使鸭不致采食太多，而供其慢慢消化吸收利用。在鸭产蛋高峰期或饲料粗劣时，尤应特别注意。

四、淘汰病次鸭

鸭群中无生产力的或有病的鸭，应该尽快地予以淘汰，以免浪费饲料或使疾病蔓延。母鸭每个月的淘汰和死亡总数不应超过全部鸭数的1%，超过此标准时，要彻底检查饲养管理方法和免疫程序等。公鸭的淘汰，则着眼于维持合理的公母鸭比例。

五、人工强制换羽

母鸭开产后，在达到理想的产蛋高峰后逐渐回落，直到产蛋结束，历时八九个月，为第一个产蛋年。到夏季天气炎热时，鸭群由于受热应激的影响，食欲减退，新陈代谢减慢，加上其他因素，产蛋量明显下降，很多母鸭出现换羽停产。

自然换羽需4个月左右的时间，换羽期间产蛋率很低，甚至不产蛋，蛋小，品质不良，受精率低，换羽不一致，换羽后再次产蛋参差不齐。为了使鸭群在秋季能尽早恢复产蛋，缩短休产期，常采用人工强制换羽的方法。

人工强制换羽只需要两个月左右的时间，换羽一致，换羽后产蛋整齐，蛋的品质好，受精率高，能再次达到较高的产蛋高峰。第二个产蛋年的产蛋率要比第一年低，蛋重会明显增加，而经人工强制换羽后，能适当提高产蛋率。

人工强制换羽主要是通过对水、饲料与光照时间的控制，使鸭的生活条件和习惯突然改变，营养供应不济而实现的。当鸭群产蛋率下降至30%以下、蛋形变小甚至有畸形蛋、受精率降低时，即可进行人工强制换羽。

实行人工强制换羽的鸭群必须是健康的，第一年的产蛋成绩良好。如果鸭群的健康状况差或第一年的产蛋成绩差，则不要进行人工强制换羽，让其自然换羽，以免引起鸭大量死亡和耗费不必要的人力。

人工强制换羽一般经过下列3个步骤：

1. 关养

将鸭关在鸭棚内，停止供应饲料3～5天，以后实行限饲；或者开始时逐步减少饲料喂量，到第6～8天时停料3～5天，同时限制饮水供给量，取消人工光照，只采取自然光照，每天光照时间8～9小时。由于生活条件、习惯及营养突然改变，鸭的体质变弱，体脂迅速消耗，鸭的体重急剧下降，产蛋量下降至零，前胸和背部羽毛相继脱落，主翼羽、副翼羽和主尾羽的羽根透明干涸而中空，拔之易脱落而无出血。

2. 拔羽

当第一步实现后，即可进行人工拔羽。拔羽应在晴朗的清晨进行，以减少应激。具体操作是，用左手抓住鸭的两翼，然后用右手由内向外侧，沿着羽尖的方向，用猛力瞬间拔出，先拔主翼羽，再拔副翼羽，后拔主尾羽。强制换羽时要将公、母鸭分开，以免公鸭伤害母鸭；公、母鸭要同时拔羽，拔羽后立即供给充足的饮水和适量的饲料，补充多种维生素。

3. 恢复

拔羽后鸭的体质较弱，体重减轻，消化机能降低。此时必须加强饲养管理，饲喂量要逐渐增加，经 10 天左右后采取每天饲喂，同时光照时间要逐渐延长。经过精心饲养，一般在拔羽后 25 ~30 天新羽可以长齐，35 ~45 天会恢复产蛋，此时须采取任意采食法。

第二节 肉鸭育雏期的饲养管理技术

选育雏鸭要掌握“先饮水，后开食”的原则。

一、开饮

鸭出壳后 12 ~24 小时内应先饮水，俗称“开饮”“潮水”。及时供给雏鸭的饮水对提高雏鸭的成活率和促进幼雏健壮生长有重要作用。出壳后的幼雏还有一部分蛋黄未吸收，这部分营养物质需要 3 ~5 天才能基本吸收完毕，饮水能促进对这些营养物质的吸收利用，这对幼雏的生长发育有明显作用。饮水还可以补充在孵化过程中胚雏所丧失的水分，刺激食欲，促进胎粪排出，并有助于饲料的消化和吸收。如不及时饮水，幼雏会因蛋黄未充分吸收等方面原因而绒毛发脆，影响健康，甚至脱水死亡。

鸭育雏阶段，要充分供应清洁的饮水，确保不断水。饮水温度，寒冷冬季应提供不低于 20℃ 的温开水，炎热季节应尽可能给雏鸭提供凉水。第一次饮水，可结合防疫防病或补充营养的需要，在饮水中加入适量的药物（如 0.02% 的土霉素、0.01% 的高锰酸钾）或添加剂（如维生素、5% ~8% 的砂糖）。

开始时，雏鸭不懂饮水，可以教饮，即抓一只健壮的雏鸭，将喙浸到水槽中沾上水，雏鸭很快就会饮水，其他雏鸭也会仿效。饮水器的槽面开口不宜太阔，盛水不宜太深，以防止雏鸭溺水。敞口的饮水器应在其中放置一些干净石块，使雏鸭不致掉入水中。饮水器应每天清洗或消毒一次，要保持饮水器四周垫料干燥。

饮水的供应不能中断。缺水会造成雏鸭口渴，一旦恢复供水，就会因抢水而被挤死、淹死、湿身感冒，或造成饮水过多而不思饮食，或引起消化不良等肠胃病的发生。给水要少给勤添。喂料前5～10分钟，给水1～3次；喂料结束时，给水1～3次；在2次喂料的间隔时间，视情况给水1～3次。

二、开食

雏鸭第一次喂料叫“开食”，适时“开食”，既有助于雏鸭腹内蛋黄吸收和胎粪排出，又能促进生长发育。若“开食”过早，大多数雏鸭不会采食，健壮雏会先采食从而使雏群的发育不平衡，给以后的饲养管理造成困难，增加饲养成本。“开食过迟”，不仅影响雏鸭的生长发育，还会增加死亡率。开食一般在雏鸭开饮2～3小时后雏鸭有索食要求时进行。同批鸭雏，出壳时间有差异，开饮开食时间应有区别，即使是同一时间出壳的鸭雏，也应根据实际情况，将不宜开食的鸭雏单放，待时机成熟再进行开食。

一般来说，鸭幼雏在出壳后14～24小时“开食”比较合适。开食方法是在开食前1～2小时让雏鸭开饮，雏鸭饮水以后渐渐活动开来，并出现类似啄食的动作，这时“开食”恰到好处。雏鸭开食一般用浅料盘或蛋托，也可以把饲料撒在浅料槽内，为了防止雏鸭浪费饲料，应在浅料盘或蛋托下面铺一层报纸或把雏鸭盒拆开垫在下面，3天后把报纸或纸板撤去。开食饲料按200只雏鸭500克大米的标准准备。先将大米煮成半生半熟，捞出米饭用冷水浸一下去掉黏性，然后拌入鱼粉和豆饼（鱼粉为每千克大米25克，豆饼为每千克大米50克)。初次喂食的饲料要求做到“不生、不硬、不烫、不烂、不黏”。开食时将煮过的饲料撒在油布或塑料布上，要撒得均匀。开始3天内，可在饲料中加入200毫克/千克土霉素。拌好的料要做到既散又湿，且撒到雏鸭身上不沾。也可采用加水的湿粉料或碎粒料饲喂。雏鸭开食后要喂配合饲料。

开食时间最好安排在白天，以便雏鸭看见饲料，否则应将饲料放在灯光明亮处。开食当天，要求全天供料。喂食时可给予一定的信号，让鸭形成条件反射。

雏鸭“开食”的好坏，可以从采食量、叫声等多方面来综合判断。“开食”好的，吃料越来越多，体重也随之增加，叫声轻快、有间歇；如果发现异常，应及时隔离，查明原因，采取必要措施。

“开食”后的前3天内，可采用“开食”一样的饲喂方法，以后逐渐改用食槽饲喂。每次喂料时间不超过20分钟，拌好的雏料分2～3次投给。

初生的雏鸭，食道膨大部不很明显，贮存饲料的容积很小，消化器官还没有经受过饲料的刺激和锻炼，消化机能不健全，肌胃的肌肉也不坚实，磨碎饲料功能很差，所以要少吃多餐，少喂勤添，随吃随给，饲槽内要稍有余食，但不能太多，以防酸败。除白天每隔1.5～2小时喂1次外，晚上也要喂2次；对不会自动走向饲槽的弱雏，要耐心引诱它去采食，使每只都能吃到饲料，吃饱而不吃过头。5天以后，可改用食槽饲喂，槽的边高3～4厘米，长50～70厘米，这样可以防止鸭粪混入污染饲料。6日龄起就可以采用定时喂食，每隔两小时喂1次；8～12日龄每隔3小时喂1次，每昼夜喂8次；13～15日龄每隔4小时喂1次，每昼夜喂6次；16～20日龄每昼夜喂5次，白天每隔4小时喂1次，夜间每隔6小时喂1次；21日龄以后，每隔6小时喂1次，每昼夜喂4次。

俗话说："鹅要青，鸭要荤"。适时给雏鸭加喂动物性饲料，可促其迅速生长。雏鸭从3日龄起，就应补喂蚯蚓、蛆虫、黄粉虫、螺蛳、蚌肉等动物性饲料。开荤时，每100只雏鸭每天喂荤料150~250克，分上下午两次喂给。荤料可剁成肉泥状，拌在饭粒中饲喂。也可煮熟切碎后拌入饭内饲喂。开始时喂量不宜过大，以后随采食量增加而增加。

三、日常管理

1. 每次进育雏室，首先要观察鸭幼雏的状态，检查温度、湿度和换气是否合适，然后清洗食槽和水槽，加料和换上清洁饮水。

2. 按时投料、换水，要保证不缺料、不断水。

3. 每天上午、下午各清扫一次地面，及时清除粪便、更换垫料，经常和定期地做好食槽、饮水器的冲洗和消毒工作。

4. 遵守光照制度。补充照明可以在晚上，从日落开灯到晚上，也可以从凌晨到早晨。

5. 注意经常观察鸭的状态。每天观察鸭的状态和行为、吃料饮水的情况以及粪便，发现不正常行为或情况应及时采取措施。鸭早晨如果精神状态很好，动作敏感，总是像在寻找什么似的，这说明一切情况是正常的；如果有异常，要检查温度和通风换气是否适宜。喂食时，凡低头垂翅、呆立不动、卧地不起、精神不振者，多为病雏。如见软稀便、混血便，要查明原因，并进行相应处理。对于病雏，要根据症状进行诊断、治疗，对患传染病的要隔离。发现有死雏，应认真做好剖检工作，以便查明原因。

6. 晚上应有人值班，以便万一停电时及时采取措施保温、通风换气等。值班人员还应根据需要投料，管理人工照明。晚上闭灯以后要检查雏鸭的休息、睡眠状况，如有异常要注意检查温度和通风换气情况。

7. 防鼠、狗等侵害。如果育雏设施简陋，管理粗放，有的采用散养甚至放牧饲养，这样，鼠、狗、猪、黄鼠狼等对鸭的伤害，也就成了导致死亡率升高的重要原因。因此，注意消除外来兽类的侵害，亦可降低育雏期的死亡率。

第三节　肉仔鸭的无公害饲养技术

一、提供良好的饲养条件

4~7周龄的肉用仔鸭称为中雏（或称仔鸭）。中雏期是鸭子生长发育迅速的时期，对营养需求高，食欲旺盛，采食量大。中雏期的特点，是对外界环境的适应性较强，比较容易管理。肉用仔鸭的饲养管理要求如下。

（一）过渡期的饲养

1. 饲料

从雏鸭舍转入中雏舍的前3天调换成中雏料，使鸭子慢慢适应新的饲料。

2. 温度

鸭舍一般不加温，但在寒冷季节，如自然温度与育雏末期的室温相差太大（超过3~5℃）会引起鸭感冒或其他疾病，应在开始几天适当增温。

3. 空腹转舍

转群前必须空腹，方可运出。

4. 逐步扩大饲养面积

从网上育雏转到地面饲养时，雏鸭一下地，活动量增大，一时不适应，会造成喘气、拐腿，重者瘫痪。因此，刚下地时，地上面积不宜过大，应当圈小些，待2~3天再逐渐扩大。继续在网上饲养的仔鸭，应转到网眼较大、面积较大的鸭舍。

（二）中雏期的饲养

这个时期要逐步加大饲料用量，适当加入动物性饲料，并且满足其对无机盐饲料和维生素的要求。中雏的营养水平，一般饲料厂在配制肉鸭饲料时多按营养水平配制，所以只要选购讲信誉的饲料厂的料，就能保证肉鸭正常生长所需的营养。在饲喂上可根据中雏消化情况，一昼夜饲喂4次，定时定量。有条件的地区可喂直径4～6毫米，长8～10毫米的颗粒料。如喂粉料，则需用水拌湿，将饲料分撒在料盘内或塑料布上，分批将鸭赶入进食。鸭在吃食时有饮水洗嘴的习惯，圈内可设长形的水槽或在适当位置放几只水盆，及时添换清洁饮水。

二、实施有效的日常管理

（一）肉鸭的日常管理

1. 保证圈内清洁干燥

中雏易管理，要求圈舍条件比较简易，只要有防风、防雨设备即可。圈舍要保持清洁、干燥，夏天运动场要搭棚遮阳。

2. 提供适当密度

肉用中雏的饲养密度，每平方米8～10只。随雏龄增大，不断调整密度，使圈内经常保持空气新鲜。

3. 保持适度群体

按大小强弱分为几个小群，尤其对体重较小、生长缓慢的弱中雏应集中喂养，加强管理，使其生长发育能迅速赶上同龄强鸭，不至于延长饲养日龄，影响出售日期。

4. 提供适当洗浴

为促进新陈代谢与鸭体肌肉和羽毛的生长，有条件的地方可为中雏鸭提供洗浴条件，每天定时洗浴。但时间不可过长，尤其在后期，以免能量消耗过多，影响经济效益。

5. 提供沙砾帮助消化

为满足鸭生理机能的需要，在中雏鸭的运动场上，放了几个沙砾小盘，或在精料中加入一定比例的沙粒，这样不仅能提高饲料转化率，节约粮食，而且能增强消化机能，有助于增强鸭的体质和抗病能力。

（二）夏季饲养技术

夏季高温环境对肉鸭的生长甚为不利，主要是由于鸭无汗腺，通过表皮的蒸发只能散发有限的水分，再加上鸭体羽毛的覆盖使这种散热作用受到更大限制。随着外界气温及鸭舍温度的升高，虽通过呼气蒸发水分散发的湿热逐渐增多，但通过辐射、对流与传导散发的湿热却逐渐减少，致使鸭体总的散发热量逐渐减少。这就是盛夏酷暑饲养肉鸭时，在未搞好防暑降温工作情况下，鸭发生急性热应激甚至热昏厥的原因。在高温情况下，如鸭舍内过于潮湿，则会造成鸭体的呼气蒸发散热的困难，这将加快、加重鸭的热应激的发生。高温、高湿的环境还易使鸭舍粪便腐烂、发酵，造成鸭舍内有害气体含量过高，危害鸭体健康。同时高温的环境还有利于病原微生物的滋生、繁殖、诱发疾病。所以夏季饲养肉用仔鸭时的饲养管理技术的中心是防止鸭舍内气温过高，尤其是防止高温期舍内高温带来的严重后果。为了要防止上述现象的出现，使夏季饲养的肉鸭健康、正常地生长，从饲养管理技术角度必须抓好下列几方面的工作。

1. 抓好饲料营养供应，保证鸭吸收到正常生长所需的营养

（1）对饲料配方做必要的调整　因为鸭采食量随环境温度的升高而下降（温度每升1℃，采食量下降1.5%），高温期间由于鸭的采食量下降，所以用其他季节配方就难以保证鸭每日的营养摄取量，因而夏季养仔鸭应修改饲料配方，应配置夏季高温用的不同生长阶段的肉鸭饲料配方。在修改配方时可考虑用脂肪能代替部分碳水化合物能，因为消化脂肪时散发热较少些。在满足所有必需氨基酸的前提下，使蛋白质水平尽可能处于最低限，因为消化蛋白质的散热较消化碳水化合物和脂肪时要多。

（2）供给高质量的新鲜饲料　在高温、高湿期间，自配或购回的饲料放置过久或饲喂时在料槽中的料放置过长，均会引起饲料发酵变质，甚至出现严重霉变。因而夏季养仔鸭时，应减少每次从饲料厂购回的饲料量，保证每次购回的饲料新鲜，最好是

刚配好的饲料在1周左右用完。在饲喂时应采用少量多次，尤其是采用湿拌粉料喂肉鸭时更应少喂勤添，保证每次均吃完后再添加。上述措施将有助于保证饲料质量和许多营养素的利用率，尤其是防止饲料中维生素因存放过久或在料槽中暴露于空气中过久造成氧化失效，并且有助于降低霉菌和毒素增加的机会。

（3）采用一些抗热应激的添加剂　夏季高温时，饲料中的营养物质易被氧化，且高温等逆应激因素造成的鸭生理紧张，不仅降低鸭机体有些营养物质（如维生素C）的合成能力，同时鸭对维生素C等营养物质的需要量提高。所以夏季应在每千克饲料中另补加50～200毫克维生素C，这有利于减轻逆应激因素对鸭机体的不利影响，同时适当添加维生素C可使其他营养物质免遭氧化。

（4）适当调整供料时间　早晨可提早1～2小时，即在清晨4：00～5：00开始喂料，这是一天中最凉爽的时间，晚上也应适当延长饲喂时间，这样可避开高温对采食的影响。白天应让鸭多休息，休息时可降低鸭的代谢水平，从而减少鸭的排热量。

2. 搞好环境控制、防止鸭发生热应激

处于急性热应激的鸭表现出如下特点，大多数鸭聚集在棚舍内较阴凉的地方或四周通风处，开始时饮水量猛增；环境温度过高时，鸭蹲伏在地面，躯体紧贴在垫料或网上，不愿走动，甚至不愿走到饮水器旁饮水；鸭伸颈张口，两翼下垂，出现热性喘息，呼吸加快，明显看到胸廓快速剧烈地收缩和扩张；在下午15：00～18：00时，往往有较多的鸭急性死亡。为了防止热应激，从环境角度必须做好如下工作：

（1）减少太阳辐射热对鸭的影响　建造高而宽敞的鸭舍是减少太阳辐射热影响的较为有效的长远办法。在开放型鸭舍的水、陆运动场上应架设遮阳的凉棚，屋顶应加厚覆盖层，高温期间可在屋外顶淋水或喷水雾化，也可在内屋顶刷上白漆，并做好鸭舍周围环境的绿化工作。这些措施均可减少太阳的辐射热，防止鸭舍的温度剧增。

（2）加快鸭体热的散失　保证鸭舍四周敞开，使鸭舍具有“亭子效应”，以加大通风。给鸭饮清洁的自来水或冷水（井水或加冰块的水），不要让鸭饮河中水，气温高时应采用通风设备来加强通风，保证空气对流，夜间也应加强通风，使鸭在夜间能恢复体力，以提高鸭白天酷暑时抗热应激的能力。

（3）降低饲养密度，减少舍内鸭的生物热　密度过大不仅是指每平方米容纳的鸭数过多，而且包括每群鸭所拥有的食槽和水槽位置较少。减少鸭舍内的鸭数或增加鸭舍水、食槽的数量，可使舍内因鸭数的减少而降低总产热量，又可避免因食槽或水槽的不足造成争食、抢饮而导致的个体产热量的上升，两者均可降低舍内鸭的生物热。

（4）保持鸭舍内干燥，防止高温下舍内高湿带来的恶果　在高温季节，鸭饮的水比其他季节多，因而通过呼气蒸发散失的水汽也比其他季节多，尤其是排出的粪中水分蒸发及粪在高温下的发酵，是鸭舍湿度增高及有害气体含量升高的主要原因。因而保持鸭粪的干燥，是减少鸭舍内湿度及恶臭的最有效的办法。夏天不能通过限制饮水来减少鸭的水分排泄量；相反，为使鸭的体热尽快散发，必须给鸭以充足的饮水。所以应通过采用合理的饲养及饮喂方式来减少粪中含水量。采取的措施为：增加每日鸭舍的打扫次数，缩短鸭粪在舍内停留的时间；水槽尽量放在鸭舍四周，不要让鸭饮水时将水洒向四周，更不要让鸭在水槽中戏水；采用水陆运动场的鸭舍，应在陆地运动场搭阴棚，这样一来可使鸭在水上戏水上岸后，在陆上运动场能稍作休息，待毛干后再进鸭舍。二来可使鸭有部分时间在陆上运动场，减少鸭向舍内排泄水汽及粪的机会；采用网上平养的鸭舍，水槽应尽量挂在笼外，以使鸭不进入水槽，地面最好有坡度且有孔通向舍外，水槽挂在低坡一边，这样一旦有水洒向地面，水即可顺着坡度流向舍外；加大地面及整个鸭舍的通风，增加舍内外空气的换气量。

3. 加强日常管理，保证鸭健康、正常生长

（1）加强防病治病　做好鸭病的预防和及时治疗，做到无病人心稳定，使饲养管理措施得以顺利进行。

（2）改变饲养方式，改地面厚垫料饲养为网上平养　肉鸭网养可杜绝肉鸭与粪便的接触，减少疫病传播的机会，降低发病率。同时网养可减少鸭群的运动，降低鸭的营养消耗及产热量，有利于夏季鸭的健康生长。采用地面养肉鸭时，夏季最好不要用厚垫料饲养，尤其不要用吸湿性差的稻草等做垫料。肉鸭前期需要采用垫料时，也应用吸湿性较好的木屑等做垫料，肉鸭后期应采用水泥或砖地养，且应增加清粪次数，以防止垫料发酵产热。

（3）减少对鸭群的干扰　炎热天气鸭为了减少体热增加，往往活动减少，因而炎热期间要避免干扰鸭群，以使鸭活动量降低到最低限度。

（4）保持水上运动场水质清洁干净，必要时可延长放水时间　炎热季节为了提高鸭的散热能力，可采用将鸭放置在水上运动场及延长鸭在水上运动场的时间来增大鸭的散热量。但此时水质必须好，水应较深，防止因水浅而出现水温过高，且最好在水上也搭有遮阳棚，以免强烈的太阳光直射到鸭身上。

（5）加强日常消毒工作　选购优质的消毒剂，做好日常消毒工作，防止苍蝇、蚊虫滋生，使鸭免受虫害的干扰。做好消毒工作可防止有害微生物的侵袭，避免鸭的抵抗力下降，增强鸭的抗热应激能力。

（6）加强对鸭群的观察，发现异常及时采取对策　日常观察主要是观测鸭群的采食量、饮水量及排粪情况，一旦发现采食下降、饮水猛增及所排粪便在形态、色泽或气味上有所变化时则应及时采取措施。

只要上述措施采用得当，不仅可使夏季饲养的肉鸭成活率高，而且仍可使肉鸭生长、发育正常，从而保证夏天所养的肉鸭获得较高的经济效益。

第四节　肉用商品大鸭的饲养管理技术

6周龄至上市期的肉用商品鸭为大鸭阶段，俗称育肥阶段。此阶段肉鸭采食量最多，消化代谢最快，生长增重也快，脂肪沉积多，绝对生长迅速。育肥阶段是决定肉鸭的肌肉品质、商品价值和养殖效益的主要阶段。由于鸭体各部分正充分发育，各种机能不断加强。因此，饲养管理上可比中雏鸭粗放些，除饲养密度应小些，饲料营养水平相对低些和慎防腿病之外，其他饲养管理方法基本跟中雏鸭相同。

一、商品大鸭的饲喂技术

肉用商品大鸭一般采用自由采食和自由饮水制，这样做既节省人力，又对鸭应激少，还能收到良好的育肥效果。此期夜晚开灯与否应视鸭的肥育程度而定，一般是夜晚不需照明，只让鸭白天采食、饮水，采食量已能满足育肥需要；若大部分鸭达不到标准体重，或体重轻的弱鸭群，可在夜晚增加人工光照，以增加采食、饮水时间，加速育肥。大肉鸭料应比中雏鸭料颗粒粗，营养水平和原料口味等要求可适当降低。在大鸭阶段应尽快转喂大鸭料，转料过程应有3天过渡时间，具体方法与中雏鸭阶段转换饲料方法相同。

大鸭料的颗粒应完整，无散碎粉状，方便大鸭采食。如果颗粒太细或呈粉状，大鸭采食困难，难吞入，吃得少而浪费多，从口中随水流出的料多。料位高度应适当增加，保持与鸭背持平，以方便鸭采食又不至浪费太多。

大鸭饮水比雏鸭多，溅水也多，所以需供给更多的清洁水，提供更多的供水设备。水位高度应同鸭背持平，且供水设备下边的地面应排水良好，以防止积水和潮湿。采用自动饮水设备的应经常检查其性能情况，并加放水盆，供其戏水、潜水。

二、商品大鸭的饲养密度

大鸭个体大，生长发育和增重快，因此，饲养密度应比中雏鸭小一些，饲养面积和圈养范围适当扩大。建议舍外饲养每平方米为2～3只，舍内地养为3～4只，网养为4～6只。若密度过大，鸭群会发生互相啄毛现象和生长增重缓慢。大鸭肥胖，不喜动，腿部负担重，所以鸭群应适当小些，以免互相挤压致残，建议大鸭群以400～700只为宜，群体越小越好。

三、商品大鸭的预防疾病

肉用大鸭身体肥胖，体重增加快，而腿部发育跟不上，极易发生腿病。除饲料中钙、磷及其他矿质元素需足够外，在管理上也应小心仔细，尽量不惊扰鸭群，不要踩鸭，对久卧不起的鸭应适时轻轻轰赶，使其行走，以免腿部和其他部位淤血或瘫软，胸、腹部出现挫伤等。舍内舍外地面、运动场、网面等要平整，便于鸭只行走，防止跌伤。另外，要防暑降温，因为鸭会因热而中暑，因热而不想活动，这会增加腿病发生的机会和猝死现象。若发现鸭因炎热高温而中暑，站不起来或昏迷，可将其置于阴凉地面，用风扇吹其身，并喂些解暑药和维生素。

四、商品大鸭的夏季饲养要点

夏季是饲养肉用仔鸭的黄金时段，但高温高湿环境易使鸭舍粪便腐烂发酵；滋生病原微生物、诱发疫情疾病，对仔鸭生长不利。要想提高夏季仔鸭的成活率，必须做到“九注意”。

1. 降低饲养密度

每平方米容纳的鸭群密度过大，将造成拥挤、堆压、积温闷圈，所以应减少圈内鸭数，增设水盆食槽。

2. 调整饲料配方

不同生育阶段的仔鸭饲料配方各不相同。夏季的饲料配方应在满足所有必需氨基酸的前提下，使蛋白质水平可能处于最低限，以减少饲料消化散热。

3. 改变饲养方式

网养可减少仔鸭与粪便的接触，减少疫病传播机会，降低发病率，同时网养可以减少鸭群的营养消耗及产热量，有利于健康生长，故宜采取网养。采取地面养鸭，最好不用厚垫料，尤其不宜垫稻草。

4. 减少阳光照射

建造高而宽敞的鸭舍是减少阳光照射影响的有效方法。高温期间可在屋顶淋水或喷雾化水，也可在屋内顶刷上白灰换气。

5. 优化喂料时间

尽量在8：00～10：00和20：00～22：00，比较凉爽的时间内喂料，白天让鸭多休息。

6. 搞好日常消毒

做好消毒工作，防止苍蝇、蚊子滋生，使鸭群免受虫害骚扰。

7. 供给新鲜饲料

在高温、高湿期间，饲料放置过久或料槽中的饲料停滞过久会引起发酵变质，因而应保证供给新鲜饲料。

8. 保持环境安静

炎热时期要避免突然的惊吓、噪声干扰鸭群，以使鸭群活动量降低到最低程度。

9. 加强疫病防治

切实搞好鸭群疫病的综防救治工作，如发现病鸭要及时对症治疗，确保饲养管理措施得以顺利进行。

五、商品大鸭的育肥

（一）放牧育肥

南方地区主要采用此法。放牧育肥与农作物收获季节紧密结合，是一种较为经济的育肥方法。通常 1 年有 3 个放牧肥育期，即春花田时期、早稻田时期和晚稻田时期。事先估算这 3 个时期农作物的收获季节，把鸭养到 40～50 日龄，体重达到 2 千克左右，在作物收割时期，便可放到茬田内充分采食落地的谷粒和小虫。经 10～20 天放牧，体重可达 2.5 千克以上，即可出售屠宰。

（二）围养（舍饲）育肥

育肥鸭舍应选择在有水塘的地方，用砖瓦或竹木建成，要求舍内光线较暗，但空气流通。育肥时鸭舍周围保持安静，适当限制鸭的活动，任其饱食，供水不断，定时放到水塘活动片刻。这样经过 10～15 天肥育饲养，可增重 0.25～0.5 千克。

采用自食育肥法，最好喂给全价颗粒饲料，把料倒入饲料箱内，一次加足，任其自由采用。颗粒料比粉料适口性好，采食时间短，采食量大，催肥效果明显。

（三）网上快速育肥

鸭舍宜选择在离村庄较远、地势干燥、安静、水源充足、通风采光好、交通方便的地方。舍内网床下面设有半倾斜水泥地面或水沟，以利冲洗打扫鸭粪。鸭舍建筑面积按饲养量大小决定，如饲养 1 000 只肉鸭，育雏室需 8 平方米。（育雏室利用率为 80%），育雏密度为每平方米网床 15 只；中成鸭舍 240 平方米，饲养密度为每平方米网床 5 只。

育雏网床和中、成年鸭网床高 70 厘米，宽 300～400 厘米，长与鸭舍长度相等，可单列式，也可双列式。网床用木架，网用毛竹片（毛竹破成宽 2 厘米，长与网床宽相等的竹片）铺成。育雏网床的竹片间距 1 厘米，中成鸭网床的竹片间距 2 厘米，网架外侧设有高 50 厘米左右的拦鸭栅栏。在栅栏内侧设置水槽和食槽。若有条件，网床可用 8 号或 10 号铁丝编织，网眼直径均 1 厘米。

第六章　肉鸭的营养需要与饲料配制

第一节　肉鸭的营养需要

鸭具有消化力强、代谢旺盛、体温高、生长发育快、成熟早、产蛋多、易肥育等特点，因而，同样体重的鸭与其他家畜相比，鸭需要更多的各种营养物质。

一、肉鸭对能量的需要

能量饲料是鸭维持体温和一切生命活动中需要量最大的营养物质。

（一）日粮能源

在鸭的日粮成分中主要有3种能源：碳水化合物、脂肪和蛋白质。将蛋白质作为鸭的能源是极不经济的，不仅产能率低，而且价格通常较高。

1. 碳水化合物

鸭对能量的需求主要由富含碳水化合物的植物提供。碳水化合物包括粗纤维和无氮浸出物，主要组成如图6－1。

粗纤维即纤维素和半纤维素、木质素等，其中所含的能量不能被鸭所利用，因为鸭的消化道中没有分解纤维素的酶，只能靠盲肠中的微生物对半纤维素进行部分分解，所以，鸭对粗纤维的利用率很低。如果日粮中所含粗纤维过高，会加快食物通过消化道的速度从而影响鸭对其他养分的吸收。但适量的粗纤维可以改善日粮结构，刺激胃肠蠕动，有利于酶的消化作用，并能防止鸭发生啄癖。一般粗纤维的适宜含量雏鸭不超过3%，青年鸭、产蛋鸭不超过6%。

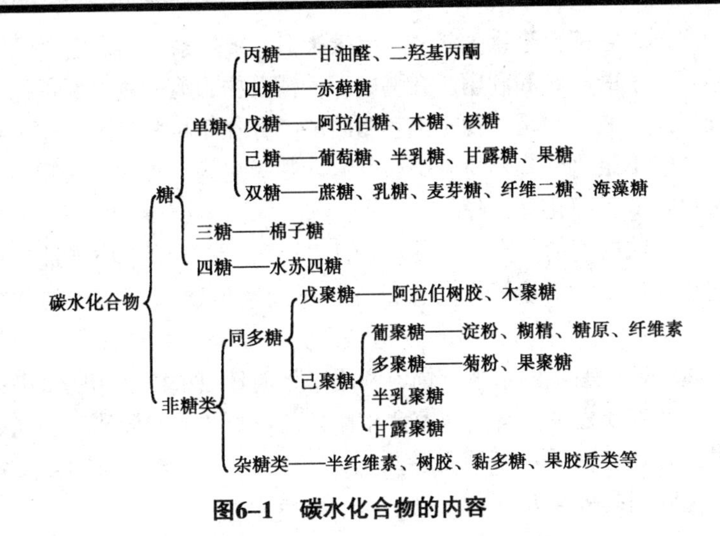

图6–1　碳水化合物的内容

而无氮浸出物中的多糖类淀粉是最大量的可消化能源；单糖类、双糖类也都极易消化，是供给鸭体热能、维持体温的主要养分，其在体内分解后，能释放出大量热量，也可转变为糖原储藏于肌肉和肝脏中，剩余的则转变为脂肪储积在体内。故在鸭的肥育期需要供给充足的富含淀粉的饲料。当碳水化合物充足时，可减少蛋白质的消耗，有利于鸭的正常生长和保持一定的生产性能。而当碳水化合物及脂肪供应不足时，鸭就会分解体内的蛋白质，以满足对热能的需求，从而造成蛋白质的浪费。但是对蛋鸭来说，饲料中碳水化合物不宜过多，以免使鸭生长过肥，影响产蛋。

2. 脂肪

脂肪是鸭体组织、器官、激素和蛋的主要成分。如神经、血液、肌肉、肝、脑、卵子和精子等都含有脂肪。脂肪在蛋内约占11.2%。脂肪是储存能量的最好形式，鸭将剩余的脂肪和碳水化合物转化为体脂肪，储存于皮下、肌肉肠系膜和胃的周围，能起到保护内脏器官，防止体热散发的作用。脂肪还是脂溶性维生素的溶剂，它能促进维生素 A、维生素 D、维生素 E、维生素 K 及胡萝卜素的吸收和利用。在鸭的营养需要中只有一种必需的脂肪酸即亚油酸，它是一种不饱和脂肪酸，存在于植物性油脂中。当亚油酸不足时，雏鸭易患脂肪肝病和呼吸道病，种鸭也表现出产蛋量降低，孵化率下降。

脂肪的能值很高，是淀粉的 2.25 倍。在日粮中添加适量的脂肪不仅可以增强饲料的适口性，还能产生称为“额外热能效应”的有益作用。对鸭的研究已证实，如果日粮中代谢能和蛋白质维持在一定的水平，饲料利用率将随日粮中添加脂肪水平的增加而直线提高。与其他家禽相比，鸭对脂肪的代谢能力表现更强，尤其是，鸭在不同日龄均对米糠中的油（含量 >16%）的消化利用率极高。

（二）日粮能量对进食量的影响

大量资料均证实，对鸭来说，日粮能量水平是决定饲料进食量的主要因素。相对其他家禽而言，鸭对低能日粮的接受能力更强。一项研究实验表明：当日粮代谢能在 9.20 ~ 12.89 兆焦/克变化时，48 日龄鸭的平均活重差异并不明显。鸭能使大体积的日粮有效地通过消化道，它根据日粮的能量浓度调节采食量的能力较强。但是，饲喂低能日粮的鸭饲料转化率明显降低。

限制鸭的能量摄入量将使鸭的生产降低，降低的幅度与限制的严格程度成正比。在限制能量摄入量的试验中，其他的营养素如蛋白质、矿物质、维生素、无机盐均保持不变时，得出的结论是：能量的摄入量水平对生长、增重起着至关重要的作用，这对种鸭育成期的体重控制是一个极为重要的营养理论依据，而且已经在实际生产中得到充分利用。

鸭对能量的需求（采食）常随环境条件的变化而增减，但对蛋白质、无机盐的需求量却一般不随环境条件而变化，主要由产蛋率、生长率的高低来决定。假如在某一时期根据鸭的营养需要和采食量制定了配合饲料，当时饲料中的能量和蛋白质恰能满足其需要，后来温度降低，鸭体需要较多的能量，因而增加了采食量，此时蛋白质的摄入量也随之增加，但是鸭对蛋白质的需求并未增加，因而造成了蛋白质的浪费；反之温度升高，采食量减少，蛋白质就会不足，也影响鸭的正常发育和产蛋。因此，鸭的这种根据能量自动调节其采食量的特性，虽然保持了其本身的能量需求平衡，却影响了对蛋白质及其他营养物质的需求平衡。因而应根据不同季节，不同生长发育阶段，及时调整鸭日粮中的能量水平。

二、肉鸭对蛋白质和氨基酸的需要

（一）蛋白质的营养作用

1. 蛋白质是构成鸭体组织、细胞的基本材料，神经、血液、皮肤和内脏器官等均含有大量的蛋白质。鸭体内的蛋白质具有不同的生命功能，例如，血液中血红蛋白运输氧和二氧化碳；酶是新陈代谢化学过程的催化剂；鸭体细胞中的核蛋白是和生长、生殖有密切关系的物质；调节生理机能的各种激素大多数是蛋白质，如此种种，各种蛋白质所表现的生理机能互相协调，完成整个机体的生命活动。

2. 鸭体内贮存的蛋白质可供给生殖细胞形成蛋。

3. 蛋白质还可以氧化释放热，代替碳水化合物和脂肪的产热作用。

在新陈代谢过程中，机体内新的蛋白质不断合成，旧的蛋白质不断分解，大约6～7个月，机体全部蛋白质有半数为新蛋白质所更替。为了满足组织生长、修补和更新的需要，维持正常生命活动，应该给鸭提供必需数量的蛋白质。

（二）必需氨基酸、非必需氨基酸、限制性氨基酸

蛋白质的基本结构是氨基酸，它由20种以上氨基酸组成。这些氨基酸中的一部分在机体内不能合成或合成数量满足不了需要，必须由饲料供应的氨基酸，称为必需氨基酸；而另一部分可以在机体内合成，不一定要从饲料中摄取的氨基酸称为非必需氨

基酸。应当指出，所有氨基酸对鸭来说都是必需的，这里所说的“非必需”是指这些氨基酸不必由日粮供给而已。鸭的必需氨基酸与其他家禽一样，有10种：蛋氨酸、赖氨酸、色氨酸、组氨酸、苏氨酸、精氨酸、异亮氨酸、亮氨酸、苯丙氨酸、缬氨酸，雏鸭还须加上甘氨酸、胱氨酸和酪氨酸。其中以赖氨酸、蛋氨酸和色氨酸最为重要，因为体内利用其他10种氨基酸合成体蛋白时，都要受它们的限制和制约，如日粮中缺少它们中的任何一种，都会降低饲料蛋白质氨基酸的有效利用率，因此，这3种氢基酸通常又叫做限制性氨基酸。

三、肉鸭对矿物质与维生素的需要

（一）矿物质

矿物质是饲料或组织中的无机部分，按需要量通常分为常量元素和微量元素。常量元素需要量大，以占日粮的百分比计算，微量元素需要量小，以毫克/千克饲料计算。常量元素包括钙、镁、钾、钠、磷、氯、硫，微量元素主要是铁、铜、钴、锰、锌、碘、硒等。

1. 钙与磷

钙与磷是鸭体内含量最多的矿物质。99%以上的钙存在于骨骼中，而骨骼中磷占全身总磷的80%左右。钙是构成骨骼和蛋壳的主要成分，参与维持肌肉和神经的正常生理功能，还与血液凝固及细胞渗透压有关。磷不仅参与骨骼形成，还是细胞膜、磷脂和一些酶的组成物质，在碳水化合物和脂肪代谢以及维持酸、碱平衡方面也起着重要作用。

鸭很容易发生钙、磷缺乏症。雏鸭缺钙时患软骨病，产蛋鸭缺钙易骨质疏松，产软壳蛋、薄壳蛋，产蛋率及孵化率下降。缺磷时，鸭食欲不振，生长慢，严重时关节硬化，骨质松脆。口粮中钙、磷过多也对生长不利，钙过多，饲料适口性差，影响采食量，阻碍磷、锌、锰、铁等元素的吸收；磷过多会降低钙、镁利用率。在生产中钙、磷比例对其吸收有很大影响，一般以

（1.2～1.5）：1为宜。

2. 氯和钠

氯和钠的主要作用是维持机体渗透压和酸碱平衡。缺乏钠时，生长缓慢，产蛋下降；缺氯时，食欲下降，生长迟缓。一般植物性饲料缺乏钠和氯，因此必须在口粮中添加食盐，添加量一般为0.25%～0.5%，禁止添加过多，以免出现食盐中毒。

3. 钾

钾是维持机体渗透压的主要离子。钾一般占饲料干物质的0.2%～0.3%。植物性饲料中富含钾，可满足鸭的需要。

4. 镁和硫

镁和硫也是鸭所必需的。镁参与维持神经和肌肉的兴奋性，还是许多酶的辅助因子。硫是含硫氨基酸的组成部分，参与蛋白质合成、能量代谢和激素、羽毛形成。饲料中含有丰富的镁和硫，一般不会缺乏。

5. 铁

铁是合成血红蛋白的重要原料，是组成肌红蛋白、细胞色素和多种氧化酶的重要成分，在体内是血氧的输送者。缺铁时引起贫血，但饲料中的铁一般可满足需要。

6. 铜

铜参与铁代谢，与铁共同参与血红蛋白形成。缺铜时铁吸收不良，可引起贫血症，还会影响骨骼发育，引起骨质疏松。鸭一般不会缺铜。

7. 钴

钴是维生素 B_{12} 的组成成分，参与机体造血，并促进生长。钴在一般饲料中都不缺乏，缺乏时表现为贫血，生长缓慢，产蛋下降。

8. 锰与骨骼生长和繁殖有关

锰不足时，雏鸭骨骼发育不良，生长受阻，骨骼短粗，严重时出现滑腱症；成年鸭产蛋量下降，孵化率低，蛋壳薄，脆性增强，破损率增加；种公鸭性欲降低，精液品质下降。鸭常用饲料中，除米糠、麸皮、苜蓿外，大多数含锰量不高，必须添加。饲料中钙、磷含量过多，会影响锰的吸收，加重锰的缺乏。

9. 锌

锌在鸭体内含量甚微，但分布很广，是许多酶类的组成成分，对繁殖有重要作用，能影响性腺活动和提高性激素活性。鸭缺锌时，食欲不振，生长迟缓，羽毛生长不好，腿骨变粗短，产蛋率下降，孵化率降低。鸭对锌的需要量为60 毫克/千克，肉骨粉和鱼粉是锌的良好来源。

10. 碘

碘与甲状腺机能活动有关。缺碘时，甲状腺素合成不足，甲状腺肿大，生长受阻，繁殖力下降，孵化率降低。一般饲料和饮水中能满足鸭对碘的需要，在缺碘地区应补饲碘盐。

11. 硒

硒与维生素 E 存在协同作用。硒缺乏时，食欲减退，生长受阻，肌肉萎缩，发生白肌病和渗出性疾病。鸭对硒需要量极微，口粮中添加量一般为0. 15 毫克/千克。

(二) 维生素

维生素的种类很多，化学结构各不相同，按是否溶于水分为脂溶性维生素（维生素 A、维生素 D、维生素 E、维生素 K）和水溶性维生素（维生素 C 和 B 族维生素，B 族维生素包括维生素 B_1、维生素 B_2、维生素 B_6、烟酸、叶酸、泛酸、生物素、胆碱、维生素 B_{12}）。维生素在生理功能上也不是构成组织的主要成分，更不是体内的能量来源，但是对蛋白质、脂肪、碳水化合物的代谢起着十分重要的作用。现已知许多维生素参与辅酶的形成，是营养代谢中不可缺少的物质。鸭需要 13 种维生素，缺少任何一种都会造成代谢紊乱，生长迟缓，生产力下降，抗病力减弱，直至死亡；但用量过多也会引起疾病的发生。青绿及糠麸饲料中均含多种维生素，只要经常供给鸭优质的青绿饲料，一般情况下不会造成缺乏。

第二节　肉鸭所需的饲料种类

工厂化养鸭使用的是配合全价饲料，是由多种饲料原料按一定比例混合而成。饲料原料按其营养素分为4类，即能量饲料、蛋白质饲料、矿物质饲料、饲料添加剂，水不列入饲料行列。

1. 能量饲料

如玉米、小麦、大麦、高粱、小米、小麦糠、米糠、高粱糠、大豆饼、花生饼、棉籽饼、菜籽饼、向日葵饼等。

（1）玉米　玉米号称饲料之王，含能量高、纤维少，适口性好，消化率高，在配合饲料中占的比重很大。但玉米的蛋白质含量低，只有7.5%～8.7%，必需氨基酸不平衡，矿物质元素和维生素缺乏。在配合饲料中需补充其他饲料和添加剂。在饲粮中用量占50%～70%。

（2）高粱　高粱蛋白质含量与玉米相当，但品质较差，其他成分与玉米相似。由于高粱含单宁较多，味苦，适口性差，并影响蛋白质、矿物质的利用率，因此在鸭日粮中应限量使用，不宜超过15%。低单宁高粱其用量可适当提高。

（3）小麦　小麦中的能量与玉米相近，粗蛋白质含量10%～13%之间，B族维生素丰富，是良好的能量饲料。易于消化，但缺钙，使用时注意补钙。在饲粮中用量可占10%～30%。

（4）碎米　碎米含能量、粗蛋白质、蛋氨酸、赖氨酸等与玉米相近，适口性好，也是良好的能量饲料，一般在饲粮中用量可占30%～50%或更多一些。

（5）粟　俗称谷子（去壳后称小米），含能量与玉米相近，粗蛋白质含量为109/6左右，高于玉米；维生素B_2含量高（1.8毫克/千克），适口性好。在饲粮中用量占15%～20%。

（6）大麦、燕麦　大麦和燕麦含能量比小麦低，B族维生素含量丰富。粗蛋白质含量较高，皮壳粗硬，不易消化，应破碎或发芽后使用。产蛋鸭饲粮中含量不宜超过15%，雏鸭应控制在饲料量的5%以下。

（7）块根、块茎类　主要包括甘薯、木薯、南瓜、甜菜、萝卜、胡萝卜、马铃薯等。宜利用经加工脱水后的风干物质，在饲粮中用量不宜超过10%。

（8）麦麸　包括小麦、大麦等的麸皮，含蛋白质、磷、镁和B族维生素较多，适口性好，质地蓬松，具有轻泻作用，是饲养鸭的常用饲料，但粗纤维含量高，应控制用量。一般雏鸭和产蛋期鸭麦麸用量占日粮的5%~15%，育成期占10%~25%。

（9）米糠　米糠是糙米加工成白米时分离出的麸皮、糊粉层、胚及少量胚乳的混合物。其营养价值与加工程度有关。含粗蛋白质12%左右，钙少磷多，维生素B族丰富，粗脂肪含量高，易酸败变质，天热不宜长久贮存。由于米糠中粗纤维也多，影响了消化率，同样应限量使用。一般雏鸭米糠用量占日粮的5%~10%，育成期占10%~20%。

2. 蛋白质饲料

干物质中粗蛋白质含量高于20%的饲料均属蛋白质饲料，根据饲料来源不同又分为植物性蛋白质饲料和动物性蛋白质饲料。

（1）植物性蛋白质饲料　植物性蛋白质饲料主要包括豆类籽实及其加工副产品，各种油料籽实的饼粕。豆类籽实的蛋白质含量较高，是常用的蛋白质饲料，其营养含量（油脂除外）和饲用性能与单纯的大豆饼大同小异。

豆饼和油饼有一个共同特点就是蛋白质含量较高，加上残存的油分，故一般的营养（蛋白质与能量）价值较高。使用这类饲料时应注意：生的籽实和饼粕不能直接利用，需先加热或进行其他处理，有的饼粕类含有毒素，必须先脱毒后才能饲喂；油饼类最好是没有皮壳的，特别是不能生霉和酸败。

①大豆饼：含40%～45%的粗蛋白质，是禽类配合饲料中最常用的植物性蛋白质饲料。热榨豆饼品质优良，味道芳香，适口性好，赖氨酸、B族维生素及钙、磷含量高，是理想的蛋白质饲料，一般占日粮的20%～35%。但要注意，不要喂生大豆饼或冷榨豆饼，因为它含有抗胰蛋白酶，会影响鸭对蛋白质的消化吸收，甚至造成鸭拉稀。生大豆饼或冷榨豆饼应事先蒸煮或粉碎后炒熟，使用大豆籽粒也应炒熟磨碎。此外，大豆籽粒及饼中蛋氨酸含量不足，可以与动物性蛋白质配合使用，或另外补充蛋氨酸。

②花生饼：是营养价值仅次于大豆饼的植物性蛋白质饲料，蛋白质含量30%～45%，但蛋氨酸和赖氨酸含量略少，和大豆饼配合使用可节省一部分动物性蛋白质。冷榨饼也含抗胰蛋白酶，不宜生喂。花生饼略带甜味，适口性好，但在潮湿的空气中易霉变，产生的黄曲霉毒素对鸭危害极大，因而不宜久贮，如需贮藏，应保存在干燥库房中。

③菜籽饼：含粗蛋白质30%～38%，烟酸含量较高，适口性差，带有苦辣味。菜籽饼还含芥酸和硫代葡萄糖苷这两种毒素，多食可引起鸭中毒，应采用加热或其他方法脱毒后饲喂。用量不可超过3%～5%。

④棉籽饼：粗蛋白含量高达30%～35%，但赖氨酸、钙及维生素A、维生素D均缺乏。棉籽饼含有游离棉酚毒素，饲喂时要注意脱毒和喂量。

⑤向日葵饼：粗蛋白质含量高达45%，含有3.9%胱氨酸和蛋氨酸，向日葵饼的适口性好，是理想的蛋白质饲料。

（2）动物饲料　动物饲料如鱼粉、蚕蛹粉、肉骨粉、血粉、蚯蚓、蝇蛆、黄粉虫等，含有较多的蛋白质、氨基酸等，对鸭的产蛋配种都有良好的效果。血粉赖氨酸特别丰富，不宜多喂，尤其在鸭繁殖期要少用。蚯蚓、蝇蛆、黄粉虫等是鸭的优质蛋白质饲料，可取代鱼粉。

①鱼粉：鱼粉为鸭生产最广泛采用的动物性饲料。鱼粉含各种必需氨基酸，尤其是蛋氨酸和赖氨酸含量高，并含有大量的维生素A、维生素D和B族维生素及钙、磷等无机盐。鱼粉使用前要化验沙门菌、尿素和食盐含量，以防其引起鸭中毒和感染疾病，鱼粉内沙土含量不应超过2%。一般鱼粉可占日粮精料量的10%~12%，如是含盐量高的鱼粉，配合比例不宜过高，占日粮的5%~7%即可，否则易造成食盐中毒。

②蚕蛹：含蛋白质60%以上，脂肪含量也较高。但易腐败变质，产生恶臭，要注意保存。在雏鸭的日粮中加入5%的蚕蛹，可以代替等量的鱼粉。

③肉骨粉：肉骨粉是屠宰场的副产品，蛋白质含量随肉、内脏和血等所占比例而不同，一般为40%~50%，含脂肪较高，赖氨酸、钙、磷和维生素B_{12}也很丰富，钙比磷多两倍，是良好的蛋白质补充料，可代替一部分鱼粉。肉骨粉最好与植物蛋白混合使用，用量占日粮精料量的10%左右。

④血粉：蛋白质含量可达80%，赖氨酸特别丰富，维生素B_2、维生素B_{12}也很丰富，但缺乏维生素A和维生素D。血粉的蛋白质不足之处是不全价，蛋氨酸、异亮氨酸含量较少，适口性也差，不宜多喂，尤其在鸭的繁殖期要少用。

各种动物血可以鲜喂，即把血煮熟后与粉料混合后饲喂。血也可通过工厂化生产制成血粉，没有设备的地方也可采用土办法生产，即从屠宰场收集新鲜血液在6小时内与等量的麸皮混合，摊在水泥地上，厚度越薄越好，不要超过2.5~3厘米，每小时翻动一次。这样6小时左右即可晒干，并可久藏而不变质。

⑤蚯蚓：蚯蚓含粗蛋白质42%，特别是蛋白质含量高，是喂鸭的良好的动物性饲料之一。蚯蚓喂鸭可以生食，饲用量可占精料的60%~70%，即每只鸭每天饲用量为100~150克。种鸭长期饲喂蚯蚓，鸭体健壮，羽毛丰满光亮，产蛋期延长。

⑥蝇蛆：可饲喂10日龄以上的雏鸭，喂量开始宜少，逐渐

增加，最多喂至半饱为宜。以白天投喂较好，在傍晚投喂的宜在天黑以前喂完，以免吃蝇蛆后口渴找不到水喝，造成不安。喂饱的鸭不要马上下水，如食入过量，可按饲料的0.1%～0.2%喂服干酵母。

⑦黄粉虫：黄粉虫的幼虫、蛹和成虫都可作为鸭的饲料，可活食，也可烘干保存，作为干饲料。一般以幼虫（20～30毫米长）为宜。

3. 青绿饲料

青饲料是指水分含量为60%以上的青绿饲料、树叶类及非淀粉质的块根、块茎、瓜果类。青饲料富含胡萝卜素和B族维生素，并含有一些微量元素，适口性好，对鸭的生长、产蛋及维持健康均有良好作用。常见的青饲料有白菜、甘蓝、野菜（如苦荬菜、鸭食菜、蒲公英等）、苜蓿草、洋槐叶、胡萝卜、牧草等。冬春季没有青绿饲料，可喂苜蓿草粉、洋槐叶粉、秋针粉或芽类饲料，同样会收到良好效果。芹菜是一种良好的饲料，每周喂芹菜3次，每次50克左右。用南瓜作辅料喂雌鸭，产蛋量可显著增加，且蛋大、孵化率高。

4. 矿物质饲料

矿物质饲料主要为鸭提供钙、磷、钾、钠、氯等常量无机盐饲料和提供铁、铜、锰、锌、碘、硒等微量元素的无机盐和其他产品。常用的矿物质饲料有骨粉、石粉、贝壳粉、食盐、沙砾等。

（1）骨粉　骨粉是家畜的骨骼在炉中加热，经高温、高压、脱胶、脱脂、碾碎而成，含钙约26%、磷13%，是良好的钙、磷来源，价格便宜，日粮中可添入1%～3%。

（2）贝壳粉　贝壳粉为海产软体动物的外壳粉碎而成，含钙量38%，常用以补充饲料中钙质的不足，可占日粮的1%～4%。蛋壳粉也有类似的作用。

（3）食盐　在植物性饲料中大多缺少钠和氯，一般日粮中可添加食盐 0.15% ~0.30%，既可满足鸭对钠、氯的需要，并有调味、增进食欲的作用。在与鱼粉共用时，使用前注意鱼粉的含盐量，如鱼粉含盐量高（咸鱼粉），就不必再添加食盐，以防食盐中毒。

（4）沙砾　沙砾不是饲料，在日粮中添加沙砾有助于提高鸭肌胃对饲料的研磨力，从而提高饲料的消化利用率。一般在日粮中可添加 0.5% ~1% 的沙砾。

第三节　肉鸭的饲料配比和参考配方

饲料占养鸭生产总成本的 60% ~80%，其重要性显而易见。另外，由于现代育种技术的发展与应用，鸭的生产性能比以前有了大幅度提高，对饲料和营养的要求也更高。因此，自配饲料的养鸭生产者，必须了解各种营养物质的作用和它们在各种饲料中的准确含量，参照饲养标准，配制出能满足鸭不同阶段营养需要的最佳日粮，才能降低饲养成本，提高经济效益。

一、肉鸭饲料的配制原则

1. 要因地制宜选择饲料原料

尽量利用当地饲料资源，既要考虑营养价值，也要注意价格低廉，以降低成本。

2. 配合的日粮要与饲养标准接近，以免引起营养缺乏或过剩

所有家禽都是“依能而食”，饲料的能量水平高时，采食量就少；饲料的能量水平低时，采食量就多。所以，鸭饲料中的蛋白质与能量比例要平衡，否则会使饲料消耗增加。

3. 饲料原料应多样化

无论谷类饲料还是蛋白质饲料，营养物质都具有不平衡性，配料时应尽可能多选用几种饲料，充分发挥饲料间营养物质的互补和平衡作用，提高日粮的营养价值和利用率（表 6 - 2）。

表 6－2　鸭日粮中各类饲料的大致比例　（%）

饲料种类	比例
谷类饲料（玉米的比例可以高些，大麦、稻谷的比例可以低些）	40～60
植物性蛋白饲料（豆饼、菜籽饼等，菜籽饼应控制在8%以下）	15～25
动物性蛋白质饲料（鱼粉、蚕蛹干粉等）	3～10
糠麸类饲料	5～15
矿物质饲料（食盐、石粉、骨粉等）	2～6
微量元素、维生素添加剂（按说明书）	0.1～0.5
干草粉	2～5

4. 注意日粮的质量和适口性，忌用霉变或含有有害物质的原料配制日粮

每次配制饲料量不宜过多，以7～10天内吃完为宜，保持饲料新鲜。

5. 各种饲料必须充分拌匀

特别是多种维生素、微量元素和药物等各种添加剂，更要注意拌匀，否则会引起不良后果。

6. 日粮应有相对的稳定性

必须改变时，最好有1周的过渡期。特别是在产蛋高峰期更应注意。

7. 日粮中粗纤维含量不能过高

一般不超过5%，最好在3%左右。

二、肉鸭饲料参考配方

详见表6－3至表6－6。

表 6－3　通用肉鸭饲料配方（育成鸭）　（%）

饲料名称	料号			
	1号	2号	3号	4号
玉米	50.0	64.0	65.0	64.4
大麦	7.0			
碎米	5.5			

（续表）

饲料名称	料号			
	1号	2号	3号	4号
麦麸		3.0		5.0
豆粕	19.0	22.1	22.3	26.7
棉籽粕	4.6	1.0	2.8	
菜籽粕	5.0	4.0	4.0	
鱼粉	6.0	2.0	2.0	
贝壳粉	1.0	1.4	1.4	1.4
骨粉		1.2	1.2	1.2
磷酸氢钙	0.7			
DL-蛋氨酸		0.1	0.1	0.1
食盐	0.2	0.2	0.2	0.2
预混料	1.0	1.0	1.0	1.0

表6-4　番鸭饲料配方　（%）

饲料名称	肉用			种用	
	0~3周龄	4~7周龄	8~12周龄	3~26周龄	26周龄以后
玉米	45	55	55	30	40
次粉	17	13	20	20	18
麸皮	5			10	
细糠		5.43	6	25	10
豆饼	22	18	11	9	16
鱼粉	8	6	6	4	8
骨粉	1	0.27			
贝壳粉	0.7	0.5	1	1	7
食盐	0.3	0.3			
预混剂	1	1	1	1	1
石膏		0.5			

表 6－5　半番鸭饲料配方　　(%)

饲料名称	0～3 周龄	4 周龄至出售
玉米	60.0	71.4
豆饼（44%粗蛋白质）	15.0	10.0
鱼粉（65%粗蛋白质）	2.0	
肉骨粉（50%粗蛋白质）	5.0	5.0
麸皮	10.0	10.0
酵母粉	4.7	
糖蜜	2.0	2.0
石灰石粉	0.1	0.3
磷酸钙	0.4	0.5
食盐	0.3	0.3
预混料（维生素、微量元素）	0.5	0.5

表 6－6　北京鸭饲料配方　　(%)

饲料名称	雏鸭（1～25 日龄）	中鸭（26～50 日龄）	育肥鸭（51～60 日龄）
玉米粉	38.0	30.0	40.0
高粱粉	10.0		15.0
麸皮	15.0	35.0	10.0
豆饼	25.0	11.0	7.0
鱼粉	7.0	4.0	
食盐	0.5	0.5	0.5
贝壳粉	2.5	2.0	4.0
骨粉	2.0	2.0	
大麦		15.5	
次粉			23.5

（引自岳永生著《简明养鸭手册》，中国农业大学出版社）

第七章　鸭病的一般防治技术

第一节　鸭病的一般预防措施

当前，疾病已成为制约养鸭业发展的重要因素。要想饲养出健康肉鸭，必须增强“防重于治”的思想意识，在卫生、饲养、防疫等环节上给予精细管理，确保不出漏洞，提高养鸭的经济效益。

一、选址、建场、卫生管理

1. 科学选址

鸭舍是鸭生活、休息和产蛋的场所，场地的好坏和鸭舍的安排合理与否关系到鸭正常生产性能能否充分发挥；同时，也影响饲养管理工作以及经济效益。场址宜选在近郊，一般以距城镇10~20千米为宜，种鸭场可离城镇远一些。注意不能在原有的禽场上建场或扩建，不能鸡、鸭、鹅混养。

2. 水源充足，水质良好

鸭舍的建设首先要考虑到水源。一般应建在河流、沟渠、水塘和湖泊的边上，水面尽量宽阔，水深1米左右。水源以缓慢流动的活水为宜。水源应无污染，要求不含有病菌和毒物，无臭和异味，水质澄清，适于鸭群饮用。鸭场附近应无畜禽加工厂、化工厂、农药厂等污染源，离居民点也不能太近。

3. 地势高燥，排水性好

鸭虽可在水中生活，但舍内应保持干燥，不能潮湿，更不能被水淹。因此，鸭舍场地应稍高些，略向水面段倾斜，至少要有5°~10°小坡度，以利排水。土质以排水良好，导热性较小，微生物不易繁殖，雨后容易干燥的沙壤土为宜。在山区建场，不宜建在昼夜温差太大的山顶，或通风不良和潮湿的山谷深洼地带，应选择在半山腰处建场。山腰坡度不宜太陡，也不能崎岖不平。低洼潮湿处易助长病原微生物的滋生繁殖，鸭群容易发病。

4. 交通方便，电力充足

由于鸭场远离居民居住区，因此，选址时要有方便的交通，以利于产品和饲料的运输，成本较低。要有充足的保证照明、孵化的电力供应，大型养鸭场自身应配备发电设备，以在电力中断时保证鸭场的基本用电。

5. 科学分区

鸭场应分设生活区、行政区、生产区、病鸭管理区和污物处理区，各区应严格隔离，要设计标准化。场区和生产区四周应设有围墙或挖防疫沟，场区、生产区、鸭舍门口设置脚踏消毒池和紫外线灯，鸭舍设纱窗，生产区设更衣室，进出鸭场的车辆及相关物品进行彻底的消毒，严防带有病菌或被污染的用具、车辆、饲料等进入场内。鸭舍布局要科学，间距要合乎卫生防疫要求，结构力求合理，地面、天棚、墙壁适合冲刷消毒，饲养棚架或笼具要坚固耐用，便于拆安、清洗、消毒。

6. 搞好环境卫生

各饲养舍必须每天清扫干净，垫料必须干燥、无霉变、无污染、不含有硬质杂物。垫料在使用前，必须彻底暴晒，利用阳光中的紫外线杀灭其中的微生物。鸭舍内的过道、门帘、水帘、料槽、水槽等要保持清洁卫生。要做好灭鼠灭蚊蝇工作。随时捕杀进入场区的野鸟。养殖场应实行专人饲养，非饲养人员不得进入禽舍，谢绝一切参观活动。饲养人员进入生产养殖区应更衣换鞋，进行沐浴、消毒。各舍饲养员禁止窜场、窜岗，以防交叉感染。

二、进雏、备料、饲养管理

1. 预防鸭病，鸭种是根本

选苗时，应挑选健康活泼、大小均匀、体重55～60克、卵黄吸收良好、无大肚脐、无明显病症的雏鸭，切不可贪图便宜而忽视质量。

2. 养鸭配料要多用植物性蛋白质饲料

根据肉鸭不同日龄和生长发育需要科学配制不同标准的饲料。要加强饲料的加工消毒处理，不能使用发霉变质、虫蛀、有毒有害、劣质及不洁的饲料。舍内要备足清洁的饮水，使鸭吃饱喝足，以满足生长发育和生产的需要，增强抗病能力。

3. 良好的饲养管理是预防鸭病的基本要素

饲养管理包含了许多生产技术要点，如温度、湿度、光照、通风、饲养密度等。一般适宜的饲养密度为：地面圈养的7日龄内，15～20只/平方米、8～14日龄10～15只/平方米、15～21日龄8～10只/平方米，以后按6～8只/平方米饲养。若采用网上饲养，密度可适当增加。适宜的饲养温度为：7日龄内，育雏室温度28～30℃；8～14日龄为25～28℃；15～21日龄为21～24℃；22～28日龄为20～21℃，以后为15～20℃。适宜的光照：按每10平方米鸭舍安装一个40瓦的普通照明灯泡即可满足光照要求。要适当通风，以排除舍内的有害气体和潮气。

三、消毒管理

消毒可以有效地清除病原体。应选购价格低、无残留、使用方便、高效的消毒剂，注意不要长期使用单一品种的消毒剂，以防病原体产生耐药性，定期及时更换消毒剂，以保证良好的消毒效果。

消毒前先要做物理性的清扫、冲洗。清扫、冲洗要按照一定的顺序：一般先扫后洗，先顶棚、后墙壁、再地面。从鸭舍的远端到门口，先室内后环境，逐步进行，经过认真彻底的清扫和清洗，可以消除80%～90%的病原体，而且可以大大减少粪便等有机物的数量。空舍消毒时要遵循先净道（运送饲料等的道路）、后污道（清粪车行使的道路），每周要不少于两次的全场环境消毒。空舍消毒一般要用2～3种不同作用类型的消毒药交替进行。带鸭消毒时，首次带鸭消毒的雏鸭不低于7日龄，以后再次消毒时间可以根据鸭舍内的污染情况而定，一般在育雏期每周进行1次，育成期7～10天1次，成鸭10天1次，发病期要坚持每天1次。

四、免疫管理

免疫是通过预防接种（通常主要是指接种疫苗），使鸭体内产生对某种病原体的特异性抗体，从而获得对其相应疾病的免疫力。

免疫是防止常见疾病发生和流行的关键措施。鸭场要结合当地发病情况、疫苗的免疫特性和抗体监测情况，科学制定免疫程序。免疫时，要选用正规厂家的合格疫苗，严格按疫苗标签说明的剂量和方法操作，坚决不能使用过期或保存不当的疫苗。如果鸭饲养期间本群或相邻鸭群发生传染病，应进行紧急接种疫苗或注射高免血清，以迅速控制住疫病的流行。

同时，要做好药物预防。药物预防是防控细菌性疾病和寄生虫病的重要手段，关键要掌握好用药程序、药物选择和使用方法。要根据药物的特性和临床实际需要，选择不同类型的药物，防止鸭产生耐药性。

要及时诊断，果断处置。及早发现病鸭、正确诊断治疗可以有效地防止疾病大规模暴发。出现疑似情况，要立即送病鸭进行诊断化验，并对症制定治疗方案。对治疗价值不大的病鸭要尽快淘汰，并做无害化处理，防止污染环境，造成人为的疫病发生。

第二节　鸭病的传播

一、传染源

感染某种病原体的动物都称传染源，就是正在患病或隐性感染的带菌（毒）及带虫的鸭。

1. 患病鸭

患病鸭是传播疫病的重要传染源，包括有明显症状或症状不明显者。在疫病的整个传染期中，按病程经过可分为潜伏期、临床症状明显期和恢复期3个病期，而不同病期的病鸭排出的病原体的传染性大小也不同。了解和掌握各种疾病的传染期是决定病鸭隔离期限的重要依据。

潜伏期的病鸭，对于大多数疾病，不具备排出病原体的条件，不能起传染源的作用，只有少数疫病如鸭瘟，感染该病毒的鸭在潜伏期内就能排出病原体传染给易感群。

临床症状明显期的病鸭，尤其是在急性暴发过程排出毒力强的病原体，在疾病的传播上危害性最大。但是有些非典型病例，由于症状轻微，临床症状不明显，难以与健康鸭区别而忽视隔离，如球虫病鸭虽不显症状，但往往就是球虫的携带者和传染源；又如雏鸭肝炎病毒病鸭，多不显症状成为带毒者，此时若与非免疫状态的雏鸭接触，即可成为危险的传染源。

恢复期的病鸭，虽然机体各种机能障碍逐渐恢复，外表症状消失，但体内的病原体尚未肃清，在临床痊愈的恢复期还能排出病原体，如鸭瘟痊愈后至少带毒3个月，仍可成为鸭瘟的传染源。

此外，病鸭尸体（包括禽类和其他动物共患病的尸体）如果处理不当，在一定的时间内也极易散布病原体。

2. 带菌、带毒和带虫的鸭

隐性感染的带菌、带毒或带虫的鸭，由于体内有病原体存在，并能不断繁殖和排出病原体，引起疫病的传播。根据带菌（毒）或带虫的性质可分为健康带菌、带毒、带虫者和康复带菌、带毒、带虫者。如健康成年鸭在感染雏鸭肝炎病毒和球虫后往往不发病，而成为带毒、带虫者。它们带菌、带毒或带虫的期限长短不一。患鸭瘟的康复鸭带毒3个月，感染副伤寒的康复鸭，康复后带菌可达9～16个月。患住白细胞虫病康复禽的血液中可保留虫体达1年以上。此外，健康带菌、带毒或带虫者有时也包括非同种动物。

3. 易感鸭

由于这些鸭对某种疫病缺乏免疫力，一旦病原体侵入鸭群，就能引起某疫病在鸭群中感染传播，如尚未接种鸭副黏病毒苗的鸭群对鸭副黏病毒就具有易感性，当病毒侵入到鸭群就可使鸭副黏病毒病在鸭群中传播流行。而鸭的易感性又取决于年龄、品种、饲养管理条件和免疫状态等。如尚未免疫的雏鸭对小鸭瘟病毒易感；饲养管理不善，环境卫生差的幼龄鸭则容易感染大肠杆菌病、曲霉菌病和球虫病等。因此，在饲养过程中，必须加强饲养管理，提好环境卫生，提高鸭机体的抗病能力，同时应选择抗病力强的鸭种。在不同的时期，接种不同类型的疫苗，以降低鸭群对疫病的易感性。

二、主要传播途径

1. 种蛋

有的传染病病原体存在于种鸭的卵巢或输卵管内，在鸭蛋的形成过程中进入鸭蛋内。鸭蛋经泄殖腔排出时，病原体附着在蛋壳上。现已知可通过鸭蛋传播的鸭病有白痢、伤寒、大肠杆菌病、霉形体病、脑脊髓炎、白血病、病毒性肝炎、包涵体肝炎、减蛋综合征等。

孵化场的环境主要发生在雏鸭开始啄壳至出壳期间。这时的雏鸭开始呼吸，接触周围环境，就会加速附着在蛋壳碎屑和绒毛中的病原体的传播。通过本途径传播的鸭病有鸭曲霉菌病、肝炎、沙门氏菌病等。

2. 空气传染

有些病原体存在于鸭的呼吸道中，通过喷嚏或咳嗽排放到空气里，被健康鸭吸入而发生感染。有些病原体随分泌物、排泄物排出，干燥后可形成微小粒子或附着在尘埃上，经空气传播到较远的地方。

3. 饮水传染

鸭饮用了病原微生物、毒物污染的水，或用于防治疾病时，用药拌水浓度过大，常会引起鸭多种传染病、中毒病的发生。

4. 饲料

将受病菌或发霉变质的饲料喂给鸭后，就会使鸭发病。

5. 垫料和粪便传播

病鸭的粪便中含有大量的病原体，而病鸭使用的垫料常被含有各种各样病原体的粪便、分泌物和排泄物污染。如马立克病病毒、传染性法氏囊病毒、沙门杆菌、大肠杆菌和多种寄生虫卵等。如果不及时清除粪便和这些垫料，不但本群鸭的健康难以保证，而且还会殃及相邻的鸭群。

6. 媒介传播

病原体的传播媒介，可以把病原体由一个鸭场或鸭舍传播到另一个鸭场或鸭舍。传播媒介主要有人、蚊、蝇、鼠类、鸟类及猫狗等。

7. 混群传播

成年鸭中，有的经过自然感染或人工接种而对某些传染病获得了一定免疫力，不表现明显病状，但它们仍然是带菌、带病毒或带虫者，具有很强的传染性。假如把后备鸭群或新购入的鸭群与成年鸭群混合饲养，往往会造成许多传染病的混合感染及暴发流行。

8. 交配传播

鸭的某些疾病可通过其自然交配，或人工授精而由公鸭传染给健康的母鸭，最后引起大批发病。

9. 设备用具传播

养鸭场的一些设备和用具，尤其是数个鸭群混用、场内场外共用的设备和用具，常成为疾病传播的媒介。经设备和用具传播的疾病主要有霉形体病、新城疫、霍乱、传染性喉气管炎等。

10. 羽毛传播

马立克病的病毒存在于病鸭的羽毛中，加工厂如果对这种羽毛处理不当，则可以成为该病传播的重要因素。

第三节 鸭常见病的防治

一、鸭病毒性肝炎

鸭病毒性肝炎是雏鸭的一种急性传染病，其特征是发病急、传播快、死亡率高，临床表现为角弓反张，剖检以肝脏肿大及表面有斑点出血为特征。本病的病原为鸭肝炎病毒，属于小核糖核酸病毒科的肠道病毒属。本病经常发生在 3 周龄以内的雏鸭群，4 ~5 周龄的雏鸭也可感染发病，成年鸭也可感染，但不发病，成为带毒者。病鸭和带毒鸭是主要传染源，康复的雏鸭从粪便排毒 1 ~2 个月。被病毒污染的场地、饲料、水面、饲养用具、人员和车辆等，都是该病的传染途径。传染途径主要是消化道和呼吸道。本病一年四季都有发生，但以春季发病较多。1 次严重的发病流行，发病率可高达 100%，死亡率可高达 90%。随着日龄增长，发病与死亡率渐减。

1. 症状描述

潜伏期为 1 ~4 天。病鸭常无任何症状而突然死亡，几小时后就会波及全群，出现多种不同的临床症状。病初，精神萎靡，头颈短缩，两翅下垂，行动呆滞，食欲废绝，两眼闭合，呈现昏迷状态，不久死亡。有些病例则表现神经痉挛性抽搐症状，病鸭常侧卧，步态不稳，两肢抖动，倒地蹬踢，就地旋转，呼吸困难。临死之前，头颈背向，呈角弓反张之状，故有“背脖病”之称。有少数病鸭腹泻，排黄白色或灰绿色稀粪。严重病鸭的喙部和爪呈紫红色。本病特征性的病变是肝脏肿大，质地脆弱，色泽暗淡或稍黄，表面有出血性斑点，个别还有坏死灶；胆囊肿大，充满胆汁，胆汁呈茶褐色或绿色；脾脏有时肿大，表面呈斑状花纹样；肾脏常见有肿胀和树枝状充血。

根据只有3周龄内的鸭突然发病，成年鸭不见发病；发病突然，而且传播迅速、病程短和死亡率高以及有明显的神经症状及角弓反张，特征性的肝变性、出血；本病的流行病学、临床症状和剖检病变的资料，综合分析，可以作出初步诊断。为了确诊，可按规定采取病料送兽医检验部门，进行实验室诊断。

2. 发病时采取的应急措施

发病初期即给发病鸭群进行逐只注射血清，每只雏鸭0.5～1.0毫升，能有效地降低发病率和死亡率，迅速控制疫情。

3. 治疗

迄今尚无有效药物可供治疗，但暴发本病时，注射康复鸭血清、高免血清或高免卵黄液有特异的防治作用。

4. 预防

本病的暴发多是由于从疫区购进带毒雏鸭传染或种蛋消毒不彻底所致，因此不从疫区购进雏鸭，建立严格的防疫消毒制度，防止孵化房污染和减少人员的流动是控制和预防本病的前提条件。因本病主要发生于3周龄内的雏鸭，因而在疫区养鸭时应将4～5周龄内的雏鸭严格隔离饲养，改善饲养条件，搞好环境卫生，有利于预防本病的暴发。在产蛋前两周给种鸭进行疫苗接种。后间隔3～4月再免疫1次，能使种鸭维持高水平的血清抗体，并将之传给后代，使雏鸭具有被动免疫保护。此外，亦可给雏鸭以弱毒疫苗或死苗进行主动免疫，但需注意母源抗体的影响。

二、鸭瘟

鸭瘟又名“大头瘟”，是由鸭瘟病毒引起的急性、热性、败血性传染病。

1. 流行特点

各种年龄、性别和品种的鸭都有易感性，但一般认为绍鸭、番鸭、绵鸭、麻鸭及其杂交鸭等更为易感，而北京鸭、半番鸭（骡鸭）和樱桃谷鸭等易感性较差。在鸭瘟流行时，以舍饲或圈养为主的20日龄内的雏鸭少见大量发病死亡，而成年鸭发病和死亡较为严重，这很可能与不同日龄鸭的饲养管理方式不同有关。公鸭比母鸭对本病的抵抗力稍强。

本病一年四季均有发生，无明显的季节性，但以养鸭和运销的旺季发病较多。

2. 临床症状

病鸭体温升高，可达42～44℃，病鸭精神沉郁，多离群蹲伏，流泪，眼睑周围羽毛湿润呈湿圈样，严重者上下眼粘连而失明。部分病鸭头部皮下水肿、下颌部肿胀，俗称“大头瘟”或“肿头瘟”。多数病鸭严重下痢，排灰白色或绿色水样稀粪。病死鸭或濒死鸭倒提时从口腔流出污褐色或黄色液体。病的后期，病鸭体温逐渐下降至常温以下，精神高度沉郁，不久即死亡。病程一般为2～35天，多呈急性经过。自然流行时，死亡率达90%以上，病程短，通常在发现停食后1～2天即死亡。个别不死的可转为慢性，病鸭消瘦，生长发育不良，最具特征的症状为角膜混浊，甚至溃疡，一侧性或双目失明。

1周龄前后的小鸭也有发生鸭瘟病例。其症状基本上与大鸭所表现的症状相同，但临死前常出现明显的神经症状。

3. 剖检

头颈部肿胀的病（死）鸭，可见皮下呈透明胶冻样；咽喉部、食道和泄殖腔黏膜出现不规则的黄绿色或黄色坏死假膜，或出现纵行排列的出血带、不规则的出血灶或溃疡灶；肝脏表现切面散在针尖大到粟粒大的不规则的红白色坏死点或坏死灶，有的白色坏死灶中心为红色出血点；心冠脂肪及心肌外膜、肝脏、肺脏、肾脏、胸腔、法氏囊、气管及肠道（十二指肠、直肠、盲肠黏膜）、肠道淋巴结、腺胃与食道交界处、卵黄蒂、泄殖腔黏膜等出血。产蛋母鸭发生该病时卵巢滤泡增大、充血和出血，有时卵泡破裂导致腹膜炎。

4. 诊断

可根据流行病学、症状以及病理剖检变化等的一些特征，进行综合分析后作出诊断。鸭瘟最容易误诊为鸭霍乱，尤其在这两种病经常流行的地区，应考虑有没有混合感染的可能性，因此，在实际工作中应当注意鉴别诊断。可从以下 4 个方面加以区别。

（1）从流行病学特点区别　鸭霍乱的特点是发病急、病程短、流行期不长，多呈散发性，也呈地方流行性，除鸭以外，鹅、鸡均可感染发病。而鸭瘟相对发病稍缓慢，流行期比较长些，多呈地方性流行，但不会引起鸡发病。

（2）从临床症状区别　鸭霍乱的病鸭，除少数慢性病例外，一般不表现头颈肿胀现象；而鸭瘟病鸭则都表现有头肿、流泪的特征症状。

（3）从病理变化区别　鸭瘟病鸭的食道和泄殖腔黏膜有结痂性或假膜性的病灶；而鸭霍乱无此病变。鸭霍乱的肺脏常有严重病变，呈现弥漫性充血、出血和水肿，病程稍长的还会出现大叶性肺炎；而鸭瘟仅仅颈部呈炎性水肿，肺脏无此明显变化。

（4）从药物治疗效果区别　鸭霍乱应用抗生素和磺胺类药物都有良好的效果；而鸭瘟无效。

5. 预防与治疗

除提倡自繁自养，不从疫区引进鸭苗、种鸭、种蛋以及加强饲养管理和消毒外，最为重要的就是鸭瘟的免疫预防工作。对于肉鸭，于 7 日龄左右进行首免，20 日龄左右二免；种鸭和蛋用鸭，于 7 ~ 10 日龄、20 ~ 25 日龄、开产前 10 ~ 15 天分别免疫后，每隔5～6个月再免。在产蛋高峰期应避免进行预防接种以免减蛋。

鸭群一旦发生鸭瘟，除采取严格的封锁措施、隔离消毒、清扫卫生、处理病及死鸭外，应尽快注射鸭瘟高免血清，同时应使用抗菌药物以防止并发或继发细菌性传染病。

三、禽霍乱（鸭出败）

病原是多杀性巴氏杆菌，革兰氏阴性。除鸭外，鸡、鹅和火鸡等都能感染发病。由于病禽常常有剧烈腹泻症状，所以统称禽霍乱，又称禽出败。通过呼吸道和消化道传染。成年鸭多发，幼鸭少发。

1. 症状

症状可分最急性、急性和慢性3类。

最急性往往看不到临床症状，突然倒地死亡，或傍晚进棚还正常，第二天一早发现死在棚内。急性病鸭精神委顿，离群，翅、尾下垂，头隐伏翅下，嗜睡，食欲废绝，体温42.5～43.5℃，口渴，呼吸困难，张口呼吸。病鸭常摇头，排灰白色或绿色稀便，病鸭瘫痪，1～2天内死亡。慢性主要表现消瘦、关节肿胀、跛行。

剖检可见心外膜或心冠部脂肪、肺、胃肠道黏膜和浆膜等有小出血点（图7－1），十二指肠出现出血性肠炎。肝肿大、色淡、质变硬，散布有灰白色针尖大的坏死点（图7－2）。慢性病鸭关节肿胀，有豆渣样渗出物。

2. 防治

（1）预防　加强饲养管理。1月龄以上鸭，每只肌内注射禽霍乱氢氧化铝菌苗2毫升，或肌内注射禽霍乱蜂胶灭活疫苗1毫升。

（2）治疗

①饮水中加入0.05%恩诺沙星，连用6～8天；②每千克饲料加2克土霉素拌匀喂鸭；③每升水添加禽病败血康（甲磺酸

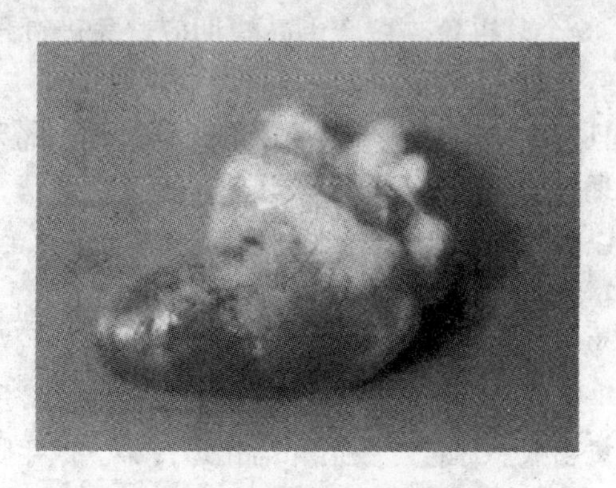

图 7－1　病鸭心冠脂肪及心外膜斑点状出血
（摘自《水禽常见病诊断图谱》）

图 7－2　病鸭肝肿大，表面有针尖大小灰白色坏死点
（摘自程安春《养鸭与鸭病防治》）

培氟沙星可溶性粉）1.0～2.0 克，混饮，每日 2 次，连用 3～5 天。

四、鸭大肠杆菌的防治

鸭大肠杆菌病又名鸭大肠杆菌败血症，是由大肠杆菌引起的一种非接触性传染病。它的特征是发生败血症，纤维素性渗出物或肿瘤样病灶。本病多发生于鸡、火鸡、鸭和鹅。

1. 病原

本病的病原是大肠埃希氏菌，俗称大肠杆菌。本菌为革兰氏染色阳性、不形成芽孢、不形成荚膜的短杆菌，许多菌能运动，有鞭毛。

大肠杆菌类型很多，且对治疗药物易产生耐药性或抗药性，在外界环境中广泛存在，有一定抵抗力，可存活数日或数周。一般常用消毒药可以杀死。

2. 流行病学

各品种和年龄的鸭都可感染，但发病率和死亡率不高。卫生条件差，潮湿，饲养密度过大，通风不良的鸭场常有发病。发病季节多以秋末和冬春为主。本病主要通过消化道和呼吸道感染。人工感染是经皮肤创伤而感染鸭的，并可引起败血症。

3. 临床症状与病变

本病常突然发生，死亡率较高，其临床表现为沉郁，不好动，食欲减少或不食，嗜眠，眼鼻常有分泌物。有时见有下痢。雏鸭表现为衰弱、闭眼、腹部膨大、下痢，常因败血而死亡。成年鸭表现喜卧，不好动，站立或行走时可见腹部膨大和下垂，呈企鹅状，触诊腹腔有液体。

本病的病变特征是浆膜渗出性炎症，主要表现在心包膜、肝脏和气囊表面有纤维素性渗出物，呈浅黄绿色、松软湿性、凝乳状或网状，厚度不等，不形成层状。肝脏肿大呈青铜色或胆汁色，脾肿大发黑且呈斑纹状。剖解腹腔时常有腐败气味，并常见渗出性腹膜炎、肠炎和卵黄破裂等。初生鸭多有卵黄吸收不全和脐炎，有的呈脱水状，如喙和腿发干；成年鸭常见坏死性肠炎，卵巢出血，偶见肺有淤血和水肿。

4. 诊断

本病的确诊要根据病原菌的分离与鉴定结果。确诊时，注意与鸭疫巴氏杆菌病区分。

采取病死鸭心血、肝、脾、脑，接种胰蛋白大豆琼脂或麦康凯琼脂培养基上，37℃温箱培养24小时，即长成较大菌落，且在麦康凯琼脂上形成红色菌落，有特殊气味。必要时，可作细菌涂片镜检及生物试验进行鉴定。

5. 防治

本病主要在饲养管理环境不良、卫生条件差、通风不良、饲养密度过大、潮湿等应激因素的影响下发生，因此，改善饲养环境卫生是预防本病的重要措施。

大肠杆菌对多种抗生素敏感，如卡那霉素、新霉素、氯霉素、链霉素、四环素以及磺胺类、呋喃类药物，但长时间使用易产生耐药性，从而降低治疗效果，因此，最好对所分离细菌作药物敏感试验，可收到较好的治疗效果。

将大肠杆菌制成福尔马林灭活苗，在发病前两周接种1毫升，可较好地预防本病的发生。灭活苗的制备最好采自场菌株，预防效果会更好。另将大肠杆菌和鸭疫巴氏杆菌制成二联苗，对这两种病的预防也可起到较好作用。

五、鸭痘

鸭痘是由痘病毒引起的一种急性传染病其临床特征是在皮肤、口腔或眼睛上出现痘斑。

1. 发病原因

病原为鸭痘病毒，是禽痘病毒群中的一个新成员。目前对该病毒的生物学特性了解甚少，但在临床症状和病理变化上，与其他禽类的痘病相似。

2. 临床症状

各种日龄的鸭均可感染，雏鸭比成年鸭易感。该病分为皮肤型、口腔型和眼型3种不同的临床类型。其中以皮肤型较多见，约占90%，眼型约占3%。病初体温稍高、迟钝、食欲下降、产蛋下降或完全停止。

(1) 皮肤型　在鸭的嘴角和与鸭喙连接的皮肤上、眼睑处皮肤上，出现大小不等的结节状痘样疹，并经常汇集成较大的疣状结节。其他如跗关节以下的足部趾或蹼上，也会出现结节状痘样疹，这样的病例约占3%。

(2) 口腔型 最初在口腔黏膜上出现灰白色痘疹，在口角处有结节样疹，痘疹逐渐变黄，后期形成溃疡，经10～15天愈合，不形成伪膜。

(3) 眼型 病初有水样分泌物，后来逐渐形成脓性结膜炎，常将上下眼睑粘合在一起，严重时，可导致一侧或两侧眼睛失明。有时，也出现皮肤型与眼型或与口腔型的混合型鸭痘。

3. 病理剖检

一般鸭痘的病变除化脓期外，与鸡痘各阶段相似，痘样结节状病变干涸后成痂，痂脱落后留下一个暂时性的瘢痕。皮肤结节在上皮层发生坏死，破坏了正常的细胞结构，表皮下层细胞增生，个别细胞明显膨大似“气球”。真皮下层基底部发生水肿，有异嗜性细胞中有包涵体。真皮下层基底部发生水肿，有异嗜性细胞和其他炎性细胞聚集。该处毛细血管扩张，充满血液细胞。

4. 诊断

一般根据临床表现和病理变化可以作出诊断。为进一步确诊，可采取皮肤痘痂及病变组织送兽医检验部门做病毒分离和病理组织学检查。

5. 治疗方法

(1) 大群鸭用吗啉胍按照0.1%的量拌料，连用3～5天，为防继发感染，饲料内应加入0.2%土霉素，配以中药鸭痘散(龙胆草90克，板蓝根60克，升麻50克，野菊花80克，甘草20克，将上述中药加工成粉，每日成年鸭2克/只，均匀拌料，分上下午集中喂服，一般连用3～5天) 疗效更好。

(2) 对于病重鸭，皮肤型可用镊子剥离痘痂，伤口涂抹碘酊或紫药水；白喉型可用镊子将黏膜假膜剥离取出，然后再撒上少许“喉症散”或“六神丸”粉，每日1次，连用3天即可。

(3) 对于痘斑长在眼睑上，造成眼睑粘连，眼睛流泪的鸭可以采用注射治疗的方法给予个别治疗，用法为：青霉素 1 支（40 万单位），链霉素 1 支（10 万单位），地塞米松 1 支，混匀后肌注，40 日龄以下注射 10 只鸭，40 日龄以上注射 5 ~ 7 只鸭。一般连续注射 3 ~ 5 次，即可痊愈。

6. 防治措施

鸭痘鸡胚化弱毒疫苗肌内注射，其他通常采取一般综合性防治措施。

六、鸭副伤寒

鸭副伤寒病是由沙门氏菌引起的一种急性或慢性传染病，以下痢和内脏器官的灶性坏死为特征。

1. 发病原因

病原为沙门氏杆菌属的多种细菌，有 6 ~ 7 种，最主要的是鼠伤寒沙门氏菌。革兰阴性菌，无芽孢，有鞭毛能运动，能在多种培养基生长。其抵抗力不强，60℃时 5 分钟死亡，一般消毒药很快杀死。病菌在土壤、粪便和水中生存时间很长。

2. 临床症状

本病潜伏期一般为 10 ~ 20 小时，少数潜伏期长。其症状分急性、慢性和隐性 3 种类型。

(1) 急性　常发生在 3 周龄以内的雏鸭。感染的雏鸭精神不振，不思饮食，两翅下垂，缩颈呆立，不愿活动，两眼流泪或有黏性分泌物。常见腹泻、颤抖和共济失调，最后常因抽搐、角弓反张而死，病程一般 1 ~ 5 天。

(2) 慢性　常发生在 1 月龄左右的雏鸭和中鸭中，表现为精神萎靡，食欲不振，粪便软稀，严重时下痢带血，逐渐消瘦，羽毛松乱，也有喘气、关节肿胀、跛行等症状。通常死亡率不高，只有在其他细菌继发感染情况下，才呈现较高死亡率。

(3) 隐性　不表现临床症状，但其粪便中带菌，能导致本病流行。

3. 病理剖检

最急性暴发可能看不到病变，病程稍长者，消瘦、失水、卵黄囊吸收不良。肝脏肿大，呈青铜色，有灰色坏死灶，气囊轻微浑浊，有黄色纤维蛋白样斑点，盲肠扩张，内含干酪样物质，直肠肿大、出血。心包、心外膜及心肌发生炎症。

4. 诊断

本病主要靠实验室诊断，分离和鉴定病原菌。

5. 治疗方法

青霉素1万单位滴服，每天2次。

6. 防治措施

（1）防止种蛋污染，保持产蛋箱清洁卫生，经常更换垫料，种蛋及时分类、消毒、入库。

（2）各种工具、设备定期消毒，注意灭鼠灭蚊蝇，饲料、饮水要消毒，防止雏鸭感染。

（3）加强饲养管理，防寒防暑防潮通风，常换垫草。

七、禽流感

本病病原是A型流感病毒，属于正黏病毒科和正黏病毒属或流感病毒属。自然状态下，鸡、火鸡、鸭、鹅及多种野鸟均可感染。被感染的家禽及鸟类等是主要传染源。病禽可从呼吸道、结膜和粪便中排出病毒，因此，可通过空气以及粪便污染的饲料、饮水、设备和昆虫等传播。本病多发生于气候骤变的秋末冬初以及寒冷的冬季。此外，潮湿、拥挤、营养不良等均可促进本病的发生和流行。

（一）症状描述

本病的潜伏期随家禽品种、感染途径以及病毒株致病力的不同而有较大差异，由几小时到几天不等。

1. 急性型禽流感

常突然暴发，流行初期常无先兆症状就突然死亡。病禽病程稍长的体温升高（43℃以上），食欲废绝，精神沉郁，羽毛松乱，头、眼睑水肿，眼结膜发炎，有多量分泌物，呼吸困难，严重者可因窒息而死亡。某些病禽可见神经症状和下痢。一般发病后数小时至两天即告死亡。本病致死率甚高，可达50% ~100%。

2. 以呼吸道症状为主的禽流感

一般鸡较少发生。病禽除了精神和食欲差、消瘦、产蛋减少等一般性症状外，主要出现明显的呼吸道症状，咳嗽，喷嚏，啰音，鼻窦肿胀。种鸡除产蛋显著减少外，其孵化率明显下降，可下降20%以上。

最具特征性病变在消化道，口腔黏膜、腺胃、肌胃角质膜下及十二指肠出血。此外，头、颈、胸部水肿；胸肌、胸骨内面、心脏及腹部脂肪有散在点状出血；肝、脾、肾、肺有灰黄色小坏死灶；腹腔及心包囊有纤维素性渗出物；卵巢及输卵管充血或出血，卵黄破裂流入腹腔而引起卵黄性腹膜炎。以呼吸道症状为主的禽流感剖检时主要病变是结膜炎、鼻窦炎、气管炎、气囊炎、输卵管退化，严重病例可见气囊和鼻窦内有干酪样渗出物。

可依据流行特点、症状和病变特征做出初步诊断。确诊须根据病毒分离和鉴定。本病常与新城疫、传染性支气管炎、传染性喉气管炎、传染性鼻炎、慢性呼吸道病等有某些相似的症状，必须用病毒学方法和血清学方法加以区别。

（二）发病时采取的应急措施

一旦发现疑似高致病力禽流感应立即上报当地畜牧兽医主管部门，待其确诊处理。

（三）治疗

高致病性禽流感不能进行治疗，必须按照国家有关规定对病禽及同群禽进行封锁、扑杀、无害化处理。

（四）预防

根据当地该病流行情况、流行病毒亚型，适时进行预防接种是防止该病发生的最有效的途径，并加强饲养管理，做好消毒工作等。

八、鸭球虫病

鸭球虫病虽不如鸡球虫病那样多发，但也并不少见。鸭球虫病是由艾美尔属、等孢属和泰泽属多种球虫寄生于鸭体内引起的。可引起家鸭、尤其是雏鸭大量发病和死亡，对养鸭业危害甚大。因此，对鸭球虫病也应给予足够重视。鸭的球虫有20多种，但在国内发现的致病性球虫主要有毁灭泰泽球虫和菲莱氏温杨球虫两种，均寄生于鸭的肠黏膜上皮细胞。鸭球虫病主要危害2～3周龄的雏鸭，其发病率和死亡率均较高。该病多流行于温暖和多雨的季节，一般为5～11月份，其中以7～9月份发病率最高。凡被带虫鸭、病鸭粪便污染了的饲料、饮水、土壤、用具等，均可作为本病的传播媒介，饲喂人员也可成为传播媒介。

（一）症状描述

雏鸭以下痢和血便为特征。发病当日或第2、3天出现死亡，死亡率可超过80%，一般为20%～70%。耐过急性期的患鸭多于发病后第4天逐渐恢复食欲，死亡停止，但生长受阻，增重缓慢。4周龄以上的鸭受感染时，发病率较低，一般症状不明显。成年鸭和雏鸭的带虫现象极为普遍，所以不能仅根据粪便中有无卵囊而做出诊断。鸭球虫病的诊断和鸡球虫病一样，应该将流行特点、症状、剖检变化和粪便检查的情况结合起来进行综合判断。

（二）发病时采取的应急措施

发病后，立即对全群进行药物预防和治疗。

（三）治疗

复方磺胺甲基异恶唑（SMZ + TMP，比例为5∶1）按0.02%混于饲料中，连喂5天，停3天，再喂5天。复方磺胺间甲氧嘧啶（SMM + TPM，比例为5∶1）按0.02%混于饲料中，连喂5天，停3天，再喂5天。克球多（可爱丹）按0.05%混合于饲料中，连喂10天，屠宰前停药5天。

（四）预防

鸭球虫病重在预防。加强饲养管理，搞好环境卫生，给雏鸭饲喂全价营养饲料，以增强抵抗力，改地面散养为笼养，保持鸡舍通风、干燥、不拥挤，及时清除粪便，并用堆积发酵法杀灭其中的卵囊，以免污染饲料、饮水，减少鸭食入球虫孢子化卵囊的机会。严格遵守兽医卫生法规。出入鸭场的人员，车辆要严格消毒，禁止闲杂人员进入鸭场，定期对鸭舍、用具、运动场消毒。鸭只要分群饲养，鸭球虫病主要危害雏鸡，因此，一定要将成年鸭和雏鸭群饲养，各批不同年龄的幼鸡也应分群，以防相互传播，避免雏鸭感染，发现病鸭要及时隔离或淘汰，及时处理死鸡。饲料内添加抗球虫药物，选用盐霉素、球虫净、马杜霉素、氨丙啉等抗球虫药物添加于饲料内饲喂鸭只，是目前最有效和最切合实际的预防措施。用上述各种药物预防球虫病时，用量一般为治疗量的1/2。现阶段还没有廉价而且效果良好的球虫疫苗出现，因此在鸭球虫病的防治中以采用药物预防、环境消毒等常规预防措施为主。各种药物都有一定的宰前停药期，在无公害养殖中，一定要严格遵守。

九、背孔吸虫病

背孔吸虫是由纤细背孔吸虫寄生于鸭的盲肠、直肠内所引起的寄生虫病。纤细背孔吸虫对鸭尤其是雏鸭危害性较大，大量感染时常引起致病，甚至死亡。

1. 病原及流行特点

虫体呈长椭圆形，前端稍尖，后端钝圆，大小为（2.2～5.7）毫米×（0.82～1.85）毫米。只有口吸盘，腹吸盘缺少。虫卵小，呈长椭圆形，淡黄色到深褐色，大小为（18～21）微米×（1.0～1.2）微米。该虫寄生在盲肠和直肠内，引起肠黏膜损伤，其毒素作用使鸭贫血和发育受阻。背孔吸虫的发育只需一个中间畜主——圆扁螺。毛蚴从虫卵中孵出，进入螺体后最后发育为有感染力的囊蚴，在螺体内或离开螺体到水草上，被鸭食入后感染，到盲肠发育为成虫。

2. 临床症状

由于虫体的机械性刺激，引起寄生部位肠黏膜损伤和炎症，虫体分泌的毒素使患鸭贫血和生长发育迟滞。患病雏鸭羽毛乱无光泽，精神、食欲不振，下痢，消瘦贫血，运动失调，生长发育受阻，严重感染时常导致死亡。

3. 剖检

病死雏鸭剖检可见盲肠和直肠黏膜附有虫体，肠道黏膜出血，呈卡他性肠炎。虫体大量感染时可见盲肠黏膜糜烂，严重出血。

4. 诊断

可根据本病的特殊症状、剖检病变，找到虫体或检出虫卵而作出确切诊断。

5. 预防与治疗

本病的防治措施可参照防治前殖吸虫病的办法进行。

十、鸭虱病

鸭虱病是由各种鸭羽虱寄生于鸭的体表引起的。鸭羽虱是一种永久性寄生虫，全部生活史都在鸭身上进行，一般不吸血，只食毛或皮屑。

1. 病原及流行特点

此病的病原是羽虱，种类很多，依靠吞吃鸭羽毛、皮屑生存。寄生在鸭的头部和体部的羽虱，虫体呈椭圆形，全身有密毛，虫体呈黄色；寄生在翅部的羽虱虫体灰黑色。

2. 临床症状

春季鸭虱大量繁殖，吞噬羽毛的皮屑。虽不引起鸭死亡，但可使鸭体奇痒不安，羽毛脱落，有时甚至使鸭毛脱光，民间称之“鬼拔毛”。鸭只表现不安，影响母鸭产蛋率，抵抗力有所降低，体重减轻。

3. 预防与治疗

（1）喷涂法

①用0.2%敌百虫于夜间喷洒鸭体表羽毛，夜间虱出来活动沾上药物后中毒死亡。

②同时对鸭舍墙壁、地面及一切用具用药物喷洒，使虱无藏身之地。

③用3%～5%硫黄粉喷涂羽毛效果也不错。

④烟草1份，水20份，煎煮1小时，晾温后于暖日涂洗鸭身。

同时，对鸭舍各处也要做一次彻底的杀虫工作，方可根治。

（2）药浴法

①取2.5%的敌杀死20毫升加水10升，配成药液，将此药液喷洒鸭体表羽毛上，或将鸭浸入药液即可杀灭羽虱，但鸭头要露出水面，浸1～2秒即出。

②取氟化钠1份，清水99份，配成1%氟化钠溶液，将鸭浸入药液几秒钟即提出。以羽毛浸湿为宜。

③取精致敌百虫0.5份，温水99.5份，将鸭浸入药液内几秒钟，取出淋干多余药液。

以上几种药浴法杀虱效果好，但对虱卵无效，需10天后再重复一次，以杀死孵出的幼虱。药浴时要提高舍温，以防鸭发生感冒。

第四节　鸭场疫病发生时的应急措施

一旦发生一类动物疫病或暴发流行二类三类动物疫病时，立即报兽医防疫员进行诊断，并迅速将病鸭、可疑病鸭隔离观察，将症状明显或死亡鸭送兽医部门检验，及早作出诊断，一旦确诊为传染病，应根据“早、快、严、小”的原则，迅速采取以下措施。

一、严格隔离封锁

当鸭场发生重大疫情时应立即采取隔离封锁措施，停止场内鸭群流动或转群，实行封闭式饲养，禁止饲养员及工作人员串栏、串栋活动，非场内工作人员禁止进入生产区，停止售苗、售蛋。将病鸭和可疑病鸭隔离在较为偏僻安全的地方单独饲养，专人看护，禁止出售和引进活鸭。

二、加强消毒扑灭病原

鸭场发生疫情后在隔离封锁时，应立即对鸭舍、地面、饲槽、水槽及其他用具清洗后消毒进行彻底消毒，扑灭鸭舍周围环境中存在的病原体。

三、紧急接种

鸭场除平时按免疫程序做好免疫接种外，当发生疫情时，应对已确诊的疫病迅速采用该病的疫苗或高免血清，对受威胁的健康鸭进行紧急接种，使其尽快得到免疫力。尽早采取紧急接种，能明显有效地控制疫情，减少损失。

四、扑杀、无害化处理病死鸭

鸭场发生一些烈性传染病或人畜共患病的患病鸭要立即扑杀。对于无治疗意义和经济价值不大的病鸭、死鸭尽快淘汰处理，并将这些病鸭及病死鸭集中深埋或焚烧等无害化处理，将病鸭舍内的垫草焚烧或与粪便一起发酵后作肥料。禁止随意丢弃病死鸭。如果对有利用价值的病鸭进行加工处理时，需经动物防疫监督检验部门检疫认可后，在不扩散病原的情况下才能进行加工处理，减少损失。

1. 动物尸体的运送

（1）运送前的准备

①设置警戒线、防虫：动物尸体和其他须被无害化处理的物品应被警戒，以防止其他人员接近，防止家养动物、野生动物及鸟类接触和携带染疫物品。如果存在昆虫传播疫病给周围易感动物的危险，就应考虑实施昆虫控制措施。如果对染疫动物及产品

的处理被延迟，应用有效消毒药品彻底消毒。

②工具准备：运送车辆、包装材料、消毒用品。

③人员准备：工作人员应穿戴工作服、口罩、护目镜、胶鞋及手套，做好个人防护。

（2）装运

①堵孔：装车前应将尸体各天然孔用蘸有消毒液的湿纱布、棉花严密填塞。

②包装：使用密闭、不泄漏、不透水的包装容器或包装材料包装动物尸体，小动物和禽类可用塑料袋盛装，运送的车厢和车底不透水，以免流出粪便、分泌物、血液等污染周围环境。

③注意事项：箱体内的物品不能装得太满，应留下半米或更多的空间，以防肉尸的膨胀（取决于运输距离和气温）；肉尸在装运前不能被切割，运载工具应缓慢行驶，以防止溢溅；工作人员应携带有效消毒药品和必要消毒工具以处理路途中可能发生的溅溢；所有运载工具在装前卸后必须彻底消毒。

（3）运送后消毒　在尸体停放过的地方，应用消毒液喷洒消毒。土壤地面，应铲去表层土，连同动物尸体一起运走。运送过动物尸体的用具、车辆应严格消毒。工作人员用过的手套、衣物及胶鞋等也应进行消毒。

2. 尸体无害化处理方法

（1）深埋法　掩埋法是处理畜禽病害肉尸的一种常用、可靠、简便易行的方法。

①选择地点：应远离居民区、水源、泄洪区、草原及交通要道，避开岩石地区，位于主导风向的下方，不影响农业生产，避开公共视野。

②挖坑：坑应尽可能的深（2~7米）、坑壁应垂直。

③尸体处理：在坑底洒漂白粉或生石灰，可根据掩埋尸体的量确定（0.5~2.0千克/平方米）掩埋尸体量大的应多加，反之可少加或不加。动物尸体先用10%漂白粉上清液喷雾（200毫

升/平方米），作用2小时。将处理过的动物尸体投入坑内，使之侧卧，并将污染的土层和运尸体时的有关污染物如垫草、绳索、饲料、少量的奶和其他物品等一并入坑。

④掩埋：先用40厘米厚的土层覆盖尸体，然后再放入未分层的熟石灰或干漂白粉20～40克/平方米（2～5厘米厚），然后覆土掩埋，平整地面，覆盖土层厚度不应少于1.5米。

⑤设置标识：掩埋场应标志清楚，并得到合理保护。

⑥场地检查：应对掩埋场地进行必要的检查，以便在发现渗漏或其他问题时及时采取相应措施，在场地可被重新开放载畜之前，应对无害化处理场地再次复查，以确保对牲畜的生物和生理安全。复查应在掩埋坑封闭后3个月进行。

⑦注意事项：石灰或干漂白粉切忌直接覆盖在尸体上，因为在潮湿的条件下熟石灰会减缓或阻止尸体的分解。

（2）焚烧法　焚烧法既费钱又费力，只有在不适合用掩埋法处理动物尸体时用。焚化可采用的方法有：柴堆火化、焚化炉和焚烧窖/坑等，此处主要讲解柴堆火化法。

①选择地点：应远离居民区、建筑物、易燃物品，上面不能有电线、电话线，地下不能有自来水、燃气管道，周围有足够的防火带，位于主导风向的下方，避开公共视野。

②准备火床

十字坑法：按“十”字形挖两条坑，其长、宽、深分别为2.6米、0.6米和0.5米，在两坑交叉处的坑底堆放干草或木柴，坑沿横放数条粗湿木棍，将尸体放在架上，在尸体的周围及上面再放些木柴，然后在木柴上倒些柴油，并压以砖瓦或铁皮。

单坑法：挖一条长、宽、深分别为2.5米、1.5米和0.7米的坑，将取出的土堆堵在坑沿的两侧。坑内用木柴架满，坑沿横架数条粗湿木棍，将尸体放在架上，以后处理同上法。

双层坑法：先挖一条长、宽各2米、深0.75米的大沟，在沟的底部再挖一长2米、宽1米、深0.75米的小沟，在小沟沟底铺以干草和木柴，两端各留出18~20厘米的空隙，以便吸入空气，在小沟沟沿横架数条粗湿木棍，将尸体放在架上，以后处理同上法。

③焚烧

摆放动物尸体：把尸体横放在火床上，最好把尸体的背部向下、而且头尾交叉，尸体放置在火床上后，可切断动物四肢的伸肌腱，以防止在燃烧过程中，肢体的伸展。

浇燃料：燃料的种类和数量应根据当地资源而定。

设立点火点：当动物尸体堆放完毕、且气候条件适宜时，用柴油浇透木柴和尸体（不能使用汽油），然后再距火床10米处设置点火点。

焚烧：用煤油浸泡的破布作引火物点火，保持火焰的持续燃烧，在必要时要及时添加燃料。

焚烧后处理：焚烧结束后，掩埋燃烧后的灰烬，表面撒布消毒剂。填土高于地面，场地及周围消毒，设立警示牌，查看。

④注意事项：应注意焚烧产生的烟气对环境的污染；点火前所有车辆、人员和其他设备都必须远离火床，点火时应顺着风向进入点火点；进行自然焚烧时应注意安全，须远离易燃易爆物品，以免引起火灾和人员伤害；运输器具应当消毒；焚烧人员应做好个人防护；焚烧工作应在现场督察人员的指挥、控制下，严格按程序进行，所有工作人员在工作开始前必须接受培训。

（3）发酵法　这种方法是将尸体抛人专门的动物尸体发酵池内，利用生物热的方法将尸体发酵分解，以达到无害化处理的目的。

①选择地点：选择远离住宅、动物饲养场、草原、水源及交通要道的地方。

②建发酵池：池为圆井形，深9~10米，直径3米，池壁及池底用不透水材料制作成（可用砖砌成后涂层水泥）。池口高出地面约30厘米，池口做一个盖，盖平时落锁，池内有通气管。

如有条件，可在池上修一小屋。尸体堆积于池内，当堆至距池口1.5米处时，再用另一个池。此池封闭发酵，夏季不少于两个月，冬季不少于3个月，待尸体完全腐败分解后，可以挖出作肥料。两池轮换使用。

参考文献

[1] 周中华，黄世仪．肉鸭高效益饲养技术［M］．北京：金盾出版社，2009.

[2] 张莉．鸭病诊治［M］．天津：天津科技翻译出版公司，2010.

[3] 王继文，马敏．图说高效养鸭关键技术［M］．北京：金盾出版社，2010.

[4] 李晓东．肉鸭［M］．北京：中国农业大学出版社，2005.

[5] 丁雷．肉鸭生产技术指南［M］．北京：中国农业大学出版社，2003.

[6] 陈宗刚．肉用鸭饲养与繁育技术［M］．北京：科学技术文献出版社，2009.